Der **Onlineservice InfoClick** bietet unter www.vogel-fachbuch.de/infoclick nach Codeeingabe zusätzliche Informationen und Aktualisierungen zu diesem Buch.

In zwei Schritten zum Onlineservice

1. Einfach www.vogel-fachbuch.de/infoclick aufrufen.
2. Den unten stehenden Zugangscode eingeben.

Ihr persönlicher Zugang zum Onlineservice  353600470002

Ibrahim Kar / Michael Berz

Kostenschätzung im Anlagenbau

Ibrahim Kar / Michael Berz

Kostenschätzung im Anlagenbau

Dipl.-Ing., Dipl.-Kfm. **Ibrahim Kar**
Jahrgang 1970
war nach seiner Ausbildung zum Technischen Zeichner und seinem Studium als Entwicklungsingenieur, Wissenschaftlicher Mitarbeiter, Projektmanager und Project Service Engineer tätig. Seine derzeitigen Tätigkeitsschwerpunkte bei der Royal Dutch Shell umfassen Kosten, Controlling und Physikalischen Progress.

Dipl.-Wirt.-Ing. (FH) **Michael Berz**
Jahrgang 1986
ist bei Evonik als Senior Cost Engineer für die Erstellung von First Cost Ranges, Study Cost Estimates und Validation of Conceptual & Basis Cost Estimations verantwortlich.

Für die Kostenschätzungen stehen Templates und Begleitdokumente zur Verfügung, die separat als Word- oder Excel-Dateien beim Verlag bestellt werden können (Download):
www.vogel-fachbuch.de

Weitere Informationen:
www.vogel-fachbuch.de
www.facebook.com/vogelfachbuch

ISBN 978-3-8343-3536-4
2. Auflage 2024

Printed in Hungary

Vogel Communications Group GmbH & Co.KG
Max-Planck-Straße 7/9
97082 Würzburg
Tel.: +49 931 418-0

Vorwort

Dieses Kostenschätzungshandbuch stellt die wichtigsten Themen der Kostenschätzungen (Cost Estimates) für Investitionsprojekte im Anlagenbau zusammenfassend dar. Es richtet sich an alle, die sich einen detaillierten Überblick in die Kostenschätzungsdisziplin verschaffen möchten.

Es gibt den Lesern einen detaillierten Überblick über den Aufbau von Kostenschätzungen sowie die Vorgehensweise für die Erstellung der erforderlichen Begleitdokumente, wie Kostenschätzungsplan (Estimating-Plan), Annahmen der Kostenschätzung (Basis of Estimate) und Kostenschätzungsvorlagen (Cost-Estimate-Templates).

Das Buch ist in die folgenden Hauptkapitel gegliedert:

- Grundlagen der Kostenschätzungen,
- Planung (Engineering),
- Equipment- und Materialeinkauf bzw. -beschaffung (Procurement) und
- Montage sowie Installation (Construction).

Zum Abschluss wird anhand eines Beispielprojektes eine Kostenschätzung mit den unterschiedlichen Genauigkeiten vorgestellt. Des Weiteren sind im Anhang für die Kostenschätzungen die Vorlagen (Templates) sowie die Begleitdokumente zusammengestellt und können beim Verlag separat als Word- bzw. Excel-Datei bestellt werden (Download):

www.vogel-fachbuch.de

Die Autoren danken dem Verlag und ihren Unterstützern zum Gelingen dieses Buches.

Köln, März 2024

Ibrahim Kar
Michael Berz

Inhaltsverzeichnis

1 Grundlagen der Kostenschätzungen

Die Bestimmung der Investitionskosten eines Projektes ist ein elementarer Bestandteil der Projektplanung und der Wirtschaftlichkeitsrechnung. Bei der Kostenbestimmung wird zwischen Kostenkalkulation und Kostenschätzung unterschieden. Die Kostenkalkulation wird insbesondere bei der Bestimmung von Herstellkosten angewandt; dagegen kommt die Kostenschätzung bei der Abschätzung von Investitionskosten auf Basis von geleisteten Vorplanungen zur Anwendung [16; 27].

Die beispielhafte schematische Darstellung eines Destillationsprozesses in Bild 1.1 veranschaulicht die Schwerpunkte dieses Handbuches. Die Errichtung einer solchen Anlage lässt sich nach dem klassischen Projektzyklus in Planung, Beschaffung, Errichtung und Betrieb gliedern. Basierend auf diesem Zyklus liegt der Fokus des Kostenschätzungshandbuches in der systematischen Abschätzung der Planungsleistungen, der Beschaffung von Equipment und Material sowie der Errichtungs- und Baustellenkosten. Die Betriebskosten sind nicht mitberücksichtigt, da nach der Errichtung der Anlage und deren Übergabe an den Betrieb mit Leistungsüberprüfung i.d.R. das Projekt abgeschlossen ist.

Die Betriebskosten sind unternehmensspezifisch. Zu Abschätzung dieser Kosten wird auf [15] verwiesen.

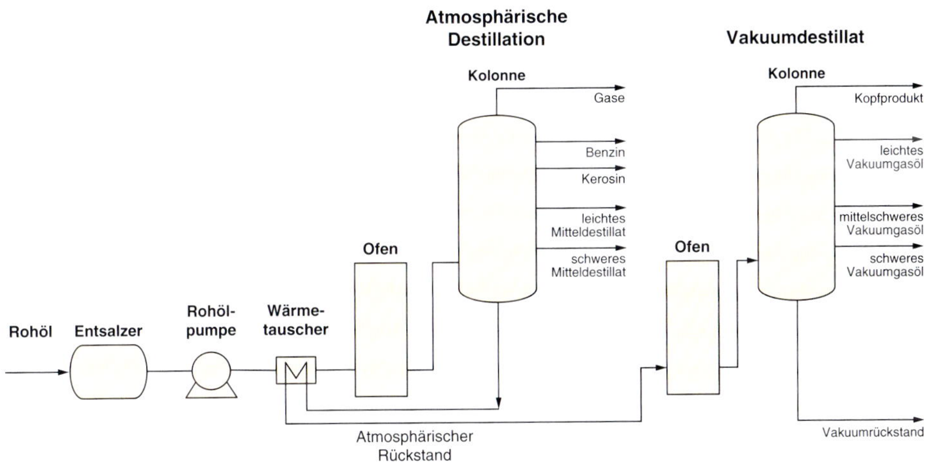

Bild 1.1 *Schematische Darstellung eines Destillationsprozesses* (nach [54])

1.1 Aufgaben und Ziele von Cost Estimates

Kostenschätzungen dienen dem Investor für folgende Hauptaufgaben:

- Investitionsrechnung,
- Budgetplanung & Kostennachverfolgung sowie
- Planung der zeitlichen monetären Ausgaben für eine Investition.

Für eine Investitionsrechnung müssen die zu erwarteten Kosten bekannt sein, um zum Beispiel zwei Alternativanlagen miteinander vergleichen zu können. Für die Budgetplanung ist es nicht ausreichend, nur die Gesamtkosten zu kennen, sondern auch die Kosten für die einzelnen Fachgewerke bzw. -disziplinen (Mechanik / Bauwesen / Rohrleitungsbau / E-Technik & Instrumentierung usw.), damit die Budgetierung und Kostennachverfolgung möglich sind. Darüber hinaus ist das Wissen über die zeitlichen Ausgaben eines Projektes für ein Unternehmen wichtig, damit ausreichend liquide Mittel zur Verfügung stehen.

1.2 Wesentliche Begrifflichkeiten bei Cost Estimates

Folgende Terminologie hat sich in der Kostenschätzung etabliert:

- Estimating-Plan,
- Basis of Estimate,
- Cost Estimate,
- **I**n**s**ide **B**attery **L**imits (ISBL),
- **O**ut**s**ide **B**attery **L**imits (OSBL),
- Allowances,
- Contingency,
- Escalation,
- Total Base Cost und
- **T**otal **I**nvest **C**ost (TIC).

2 Kostenschätzungen in den Projektphasen

Die Projektphasen stellen eine Einteilung der systematischen Projektabwicklung dar. Das Projekt beginnt mit den sogenannten **F**ront-**E**nd-**L**oading-Phasen, «Appraise» (FEL-1), «Select» (FEL-2) und «Define» (FEL-3), gefolgt von der *Execute*-Phase mit dem Detailengineering, der *Construction*- (Bau der Anlage) und der *Commissioning*-Phase (Inbetriebnahme) sowie dem *As-built* (Aufnahme der neuen Ist-Situation in allen Dokumenten). Nach jeder FEL-Phase findet ein *Gate Review* statt. In diesem wird entschieden, ob das Projekt in die nächste Phase weitergeführt wird. Zum Ende der FEL-3-Phase wird die Entscheidung zur ***F**inal **I**nvest **D**ecision* (FID) getroffen. Bei positiver Entscheidung geht das Projekt in das Detailengineering und in die Construction-Phase über. In der Regel wird nach der FEL-3-Phase kein weiteres Cost Estimate erstellt (s. Tabelle 2.1). Es findet ggf. eine Nachbetrachtung von Cost Estimate versus Ist-Kosten statt, um die Qualität von zukünftigen Cost Estimates zu erhöhen.

Bild 2.1 stellt den Projektprozess mit den Phasen «Appraise», «Select», «Define», «Execute» und «Operate» dar [35; 41]. Zum Ende jeder Phase finden abschließende Reviews statt. Hierbei werden die Planungsleistungen (*Engineering*), das Cost Estimate und der Terminplan konstruktiv hinterfragt und freigegeben. Nach dem erfolgreichen Abschluss der Define-Phase wird die Final Investment Decision (FID) getroffen.

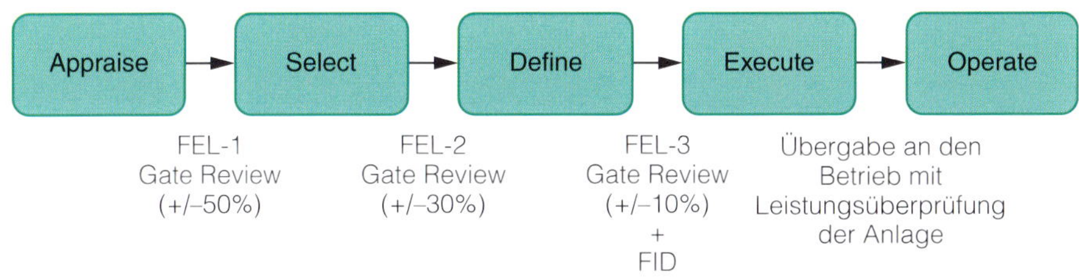

Bild 2.1 *Projektprozess*

Die Kostenschätzungen haben in jeder Phase unterschiedliche Genauigkeiten von ±50% (Ende von Appraise) bis ±10% (bei Ende Define) und enthalten folgende Kostenstellen: Engineering (Planungsleistungen), Procurement (Beschaffungskosten für Equipment und Material), Construction (Bau- und Montagekosten) sowie Miscellaneous (Kosten für Unvorhergesehenes, Inbetriebnahmeleistungen usw.).

Tabelle 2.1 *Zusammenstellung der Projektphasen*

Projektphase	Cost-Estimate-Typ	Cost-Estimate-Genauigkeit	Gate Review
Appraise (FEL-1)	Cost Estimate Class 5	±50%	1
Select (FEL-2)	Cost Estimate Class 4	±30%	2
Define (FEL-3)	Cost Estimate Class 2	±10%	3 + FID
Execute	–	–	Übergabe an den Betrieb mit Leistungsüberprüfung der Anlage
Operate	–	–	–

GRUNDSATZ

Es gilt dabei zu beachten, dass die Spannweiten (z.B. ±50%) von dem ersten Cost Estimate aus der Appraise-Phase bei weiteren Projektbearbeitungen durch die nachfolgenden Cost Estimates (z.B. ±30%) nicht überschritten werden dürfen (bei gleichem Scope / Leistungsumfang), siehe Bild 2.2.

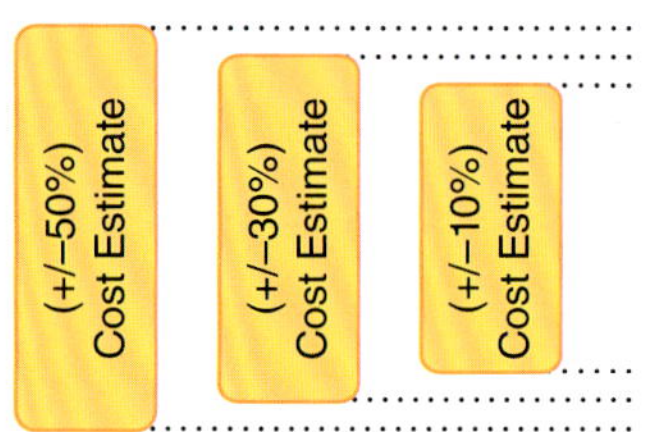

Bild 2.2 *Spannweiten (Genauigkeit) der Kostenschätzungen*

2.1 FEL-1: Appraise (Feasibility)

In der FEL-1-Phase sollten folgende Planungsdokumente vom Projekt erstellt werden:

- Leistungsbeschreibung der Anlage, zum Beispiel der Durchsatz (*Scope of Work*),
- Leistungsbeschreibung des Ingenieurbüros, wie die Erstellung der Druckverlustberechnung oder der statische Nachweis von Rohrbrücken (*Scope of Services*),
- vorläufige Wärme- und Stoffbilanz (*Heat and Material Balance*),
- Blockflussdiagramm (*Block Flow Diagram*),
- vorläufige Equipment-Liste,
- vorläufiger Aufstellungsplan,
- Level-1-Terminplan (*Milestone-Plan*) und
- ±50% Cost Estimate.

Bei Projekten mit Outside-Battery-Limits(OSBL)-Anteil müssen zusätzlich die Rohrbrückenlänge / Sleeperlänge sowie die Längen der Hauptrohrleitungen im OSBL-Bereich mit Nenndurchmesser (DN) und Material vorliegen.

2.2 FEL-2: Select (Concept)

In der FEL-2-Phase sollten folgende Planungsdokumente vom Projekt erstellt werden:

- Leistungsbeschreibung der Anlage, wie der Durchsatz (*Scope of Work*),
- Leistungsbeschreibung des Ingenieurbüros, wie die Erstellung der Druckverlustberechnung oder der statische Nachweis von Rohrbrücken (*Scope of Services*),
- Wärme- und Stoffbilanz (*Heat and Material Balance*),
- vorläufiges Einliniendiagramm (Stromlaufplan),
- vorläufige Rohrleitungs- und Instrumentenfließschemata,
- vorläufiger Aufstellungsplan,

- Equipment-Liste (Anzahl und Typen des Equipments müssen fixiert sein),
- Equipment-Datenblätter,
- Anfragen für Budget-Angebote,
- vorläufige Rohrleitungsliste,
- vorläufige Einbindepunkteliste,
- Level-1-Terminplan (*Milestone-Plan*),
- Level-3-Terminplan und
- ±30% Cost Estimate.

2.3 FEL-3: Define (Front End Engineering Design (FEED))

In der FEL-3-Phase sollten folgende Planungsdokumente vom Projekt erstellt werden:

- Leistungsbeschreibung der Anlage, zum Beispiel der Durchsatz (Scope of Work),
- Leistungsbeschreibung des Ingenieurbüros, wie die Erstellung der Druckverlustberechnung oder der statische Nachweis von Rohrbrücken (Scope of Services),
- Finales Einliniendiagramm (Stromlaufplan),
- Finale Rohrleitungs- und Instrumentenfließschemata für Equipment und Hauptrohrleitungen,
- Wärme- und Stoffbilanz *(Heat and Material Balance*),
- finaler Aufstellungsplan,
- finale Equipment-Liste,
- finale Equipment-Datenblätter und Spezifikationen,
- Anfragen für Angebote,
- finale Rohrleitungsliste produktführender Leitungen,
- finale Einbindepunkteliste,
- Level-1-Terminplan (Milestone-Plan),
- Level-3-Terminplan und
- ±10% Cost Estimate.

2.4 Execute

In Execute finden die Detailengineering-, Einkaufs- und Bauarbeiten statt.

2.5 Operate

Nach der Übergabe des Projektes zum Abschluss der Execute-Phase an den Betrieb fängt die Operation-Phase an, d.h. den sogenannten Beginn der Produktion mit der neuen oder modifizierten Anlage.

2.6 Entwicklung der Kosten in Abhängigkeit der Projektphasen

Bild 2.3 zeigt qualitativ die kumulierte Entwicklung der Ausgaben als auch die Unvorhersehbarkeiten (Unsicherheiten) in den einzelnen Projektphasen. Zu beachten gilt, dass bis einschließlich der FEL-3-Phase in der Regel bis zu 25% der gesamten Projektkosten (Ausgaben) anfallen.

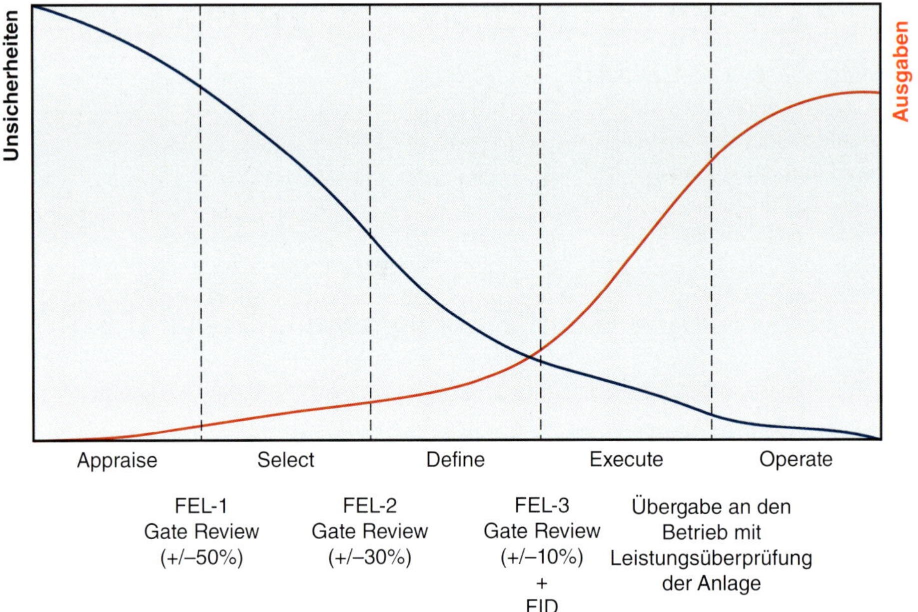

Bild 2.3 *Projektausgaben versus Projektunsicherheiten*

Einen ähnlichen Verlauf nehmen die Kosten für die Umsetzung einer Änderung in Abhängigkeit der Projektphasen an. In der Regel lassen sich Änderungen bis zur Define-Phase kostengünstig in die Planung integrieren (siehe auch «Changes» in Kapitel 7).

3 Kostenschätzungstypen bzw. -klassen

In den Phasen FEL-1, FEL-2 und FEL-3 haben Kostenschätzungen unterschiedliche Genauigkeiten von ±50% bis ±10%. Es werden deshalb drei Typen bzw. Klassen von Cost Estimates unterschieden. Diese Klasseneinteilung (*Classes*) stammt von der AACE (**A**ssociation for the **A**dvancement of **C**ost **E**ngineering):

- ±50% Cost Estimates (Class 5),
- ±30% Cost Estimates (Class 4) und
- ±10% Cost Estimates (Class 2).

3.1 ±50% Cost Estimates (Class 5)

±50% Cost Estimates (Class 5) sind üblicherweise in der Appraise-Phase eines Projektes zu erstellen. Zu diesem Zeitpunkt ist nur das Hauptequipment eines Projektes bekannt. Für ±50% Cost Estimates eignen sich besonders gut die beiden Methoden **«Factorised Cost Estimates»** und die **«Cost Estimates auf Basis von vergleichbaren Projekten»**.

3.2 ±30% Cost Estimates (Class 4)

±30% Cost Estimates (Class 4) sind üblicherweise in der Select-Phase eines Projektes zu erstellen. Zu diesem Zeitpunkt sind unter anderem neben dem Hauptequipment auch die Aufstellungsorte und der prinzipielle Rohrleitungsverlauf ohne die Utilities eines Projektes bekannt. ±30% Cost Estimates werden normalerweise mit der Methode «**M**aterial **T**ake **O**ff (MTO)» erstellt.

3.3 ±10% Cost Estimates (Class 2)

±10% Cost Estimates (Class 2) sind üblicherweise in der Define-Phase eines Projektes zu erstellen. Zu diesem Zeitpunkt sind unter anderem neben allem Equipment auch die Aufstellungsorte und der Rohrleitungsverlauf eines Projektes bekannt. Bei ±10 Cost Estimates kommen normalerweise MTO-basierte Cost Estimates zum Einsatz.

Tabelle 3.1 stellt die Projektphasen mit den Cost-Estimate-Genauigkeiten zusammen.

Tabelle 3.1 *Einteilung der Projektphasen mit Cost-Estimate-Genauigkeiten*

Projektphasen	Cost-Estimate-Genauigkeiten	Methoden zur Erstellung von Cost Estimates
FEL-1-Phase (Appraise)	±50%	Factorised Cost Estimates, Cost Estimates basierend auf «vergleichbaren» Projekten, MTO-basierende Cost Estimates
FEL-2-Phase (Select)	±30%	MTO-basierende Cost Estimates, Cost Estimates basierend auf «vergleichbaren» Projekten
FEL-3-Phase (Define)	±10%	MTO-basierende Cost Estimates

4 Kostenschätzungsmethoden

In diesem Kapitel werden die verschiedenen Methoden zur Erstellung von Cost Estimates (Factorised Cost Estimates, Cost Estimates basierend auf vergleichbaren Projekten und Material-Take-Off (MTO)-basierende Cost Estimates) vorgestellt. Weiterhin sind für die einzelnen Fachgewerke die Anforderungen bzw. das Vorgehen zur Erstellung der Teilkostenschätzungen beschrieben.

4.1 Factorised Cost Estimates

Bei Factorised Cost Estimates geht es immer darum, anhand von wenigen bekannten Kosten auf die Gesamtkosten eines Projektes zu schließen. Dieser Weg der Abschätzung eignet sich für ±50% Cost Estimates und nur für den Equipment-gebundenen Anteil, d.h. die Kosten für das Equipment inkl. der anderen Gewerke (wie Massivbau, Stahlbau, Rohrleitungsbau usw.) und die Planungsleistungen – alles bezogen auf den ISBL-Abschnitt.

Falls in einem Projekt zum Beispiel neben drei Behältern und sechs Pumpen noch zusätzlich eine neue 1000 m lange Rohrbrücke und/oder ein neues Schalthaus erforderlich sind, dann sind diese Kosten für die Rohrbrücke und das Schalthaus in den Factorised Cost Estimates **nicht** enthalten.

Kosten für den OSBL-Abschnitt sind separat abzuschätzen. Dies gilt auch für die Infrastrukturmaßnahmen (auch im **ISBL-Abschnitt**).

DEFINITIONEN

ISBL: Inside Battery Limits – Definition der Anlagegrenzen, in denen der Hauptprozess stattfindet

OSBL: Outside Battery Limits – alle Aktivitäten außerhalb der definierten Anlagegrenzen

4.1.1 Lang-Factor

Der Lang-Factor ist benannt nach Hans Lang, der Ende der 1940er-Jahre die Gesamtkosten eines Projektes durch das Verhältnis der Gesamtkosten zu den Equipment-Kosten beschrieb.

Methodik

Ermittlung der Equipment-Kosten (inkl. Lieferung und Allowances), multipliziert mit einem Faktor (Lang-Factor), ergibt den TIC-Wert (***Total Investment Cost***).

Zu unterscheiden sind Faktoren für Projekte mit [8]:

- Feststoffen (3,1),
- Flüssigkeiten (4,74) und
- beides zusammen (3,63).

Die oben genannten Faktoren sind typische Literaturwerte, jedoch sind der Projektscope und die Örtlichkeit bei der Auswahl des Faktors zur berücksichtigen, ggf. ist der Lang-Factor anzupassen.

BEISPIEL

Gegeben:
Equipment-Kosten (inkl. Lieferung und Allowances, aber ohne Montagekosten) = 1 000 000 €
Produkte sind Flüssigkeiten => Lang-Factor 4,74
Gesucht: TIC
Lösung:
Total Invest Cost = 1 000 000 € × 4,74 = 4 740 000 €
TIC = 4 740 000 €

In der Industrie ist es u.a. aber auch üblich, zu dem TIC-Wert ergänzend Escalation und Contingencies mit zu berücksichtigen.

4.1.2 Hand-Factor

Der Hand-Factor ist benannt nach W. E. Hand, der Ende der 1950er-Jahre die Gesamtkosten eines Projektes durch Equipment- sowie Disziplin-bezogene Zuschlagssätze auf Basis der Equipment-Kosten beschrieb.

Methodik

Die Equipment-Kosten sind (inkl. Lieferung und Allowances) zu ermitteln. Anschließend wird je nach Art des Equipments für die verschiedene Gewerke (Piping, Insulation, Electrical usw.) ein prozentualer Zuschlag hinzuaddiert und ausmultipliziert. Die Kosten für das Instrumentierungsmaterial sind separat inkl. Allowances zu kalkulieren. In Tabelle 4.1 sind die aufsummierten Zuschlagssätze für Kohlenstoffstahl (CS) je nach Equipment-Type aufgeführt [10].

Tabelle 4.1 *Zuschlagssätze für die Hand-Factor-Methode*

	Kolonnen	Wärmetauscher	Tanks	Pumpen	Kompressoren	Öfen	MSR
Zuschlagssatz bei CS	400%	350%	400%	400%	250%	200%	400%

Bei höherwertigem Equipment-Material, das in der Regel auch kostenintensiver ist, wird der Zuschlagssatz für die restlichen Projektkosten mit 0,8 multipliziert, da einige Kostenpositionen größtenteils unabhängig vom Equipment-Material sind, z.B. Civil und Electrical. Der Aufwand für das Fundament eines Behälters aus Edelstahl oder CS ist gleichbleibend.

Für die Gesamtkosten (TIC) sind die Contingencies und die Escalation mit zu berücksichtigen.

BEISPIEL

a) Gegeben:
Equipment-Kosten für eine Edelstahlkolonne (SS – Stainless Steel) betragen (inkl. Lieferung und Allowances, aber ohne Montagekosten) = 1 000 000 €
Die MSR-Materialkosten betragen 150 000 €
Kolonnen-Zuschlagssatz: 400% × 0,8 = 320%
MSR-Zuschlagssatz: 400% × 0,8 = 320%

b) Gesucht: TIC

c) Lösung
Total Install Cost: 1 000 000 € × 320% + 150 000 € × 320% = 3 680 000 €
+
Contingency 25% = 3 680 000 € × 25% = 920 000 €
+
Escalation 2% = 3 680 000 € × 2% = 73 600 €
=
TIC = 4 673 600 €

Die Vorteile der Hand-Factor-Methode gegenüber der Lang-Factor-Methode sind im Wesentlichen 2 Punkte:

1. die Verwendung von unterschiedlichen Zuschlagssätzen für verschiedene Equipment-Typen und
2. die Verwendung eines vom Equipment-Material abhängigen Faktors, um eine Überbewertung zu vermeiden.

4.1.3 Checkliste für Factorised Cost Estimates

Alle Factorised-Cost-Estimates-Methoden eignen sich nur für ±50% Cost Estimates mit dem ISBL-Projektanteil, deren Total-Base-Wert mindestens aus 20% Equipment-Kosten besteht. Die vorherige Abschätzung des Equipment-Anteils ist schwierig. Anhand der folgenden Checkliste lässt sich die Anwendbarkeit des Lang-/Hand-Factors überprüfen:

- keine größeren neuen Baukonstruktionen notwendig wie Rohrbrücken oder größere Gebäude,
- keine Modifikationsarbeiten an Kolonnen, Behältern usw.,
- keine komplett neu zu installierende / aufzubauende DCS/FCS-Systeme,
- keine größere temporäre Maßnahme wie Aufbau einer Vorfertigungsinfrastruktur,
- kein OSBL-Projektscope,
- keine Infrastrukturmaßnahmen, wie neue Dampfverteilerstation oder Schalträume, und
- keine Überstundenzuschläge sowie Ineffizienzen in Turnarounds.

Alle die oben dokumentierten Kosten sind separat zu ermitteln (inkl. Planungsleistungen + Contingency + Escalation), die dem TIC-Wert aus den Factorised Cost Estimates zusätzlich hinzuzufügen sind.

4.2 Cost Estimates basierend auf vergleichbaren Projekten

Nun, wer kennt das nicht: «Ist ja nur ein Copy-and-Paste-Job», und am Ende wundert sich jeder, warum die Gesamtkosten gestiegen sind und die Kosten für die Planungsleistungen höher sind als erwartet, schließlich sind ja alle Planungsdokumente schon vorhanden.

Deshalb sind Cost Estimates, die auf «vergleichbaren» Projekten basieren, nicht zu «leichtfertig» zu erstellen. Folgende Fragestellungen sind zu berücksichtigen:

- Basieren die vergleichbaren Kosten auf einem Cost Estimate oder auf einer Ist-Kostenaufstellung?
- Wer hat geprüft, dass alle Kosten in dem Vergleichsprojekt enthalten sind?
  - Alle Planungsphasen?
  - Kundenkosten?
  - Wurden damals Kosten von dem Projekt auf andere Positionen umgebucht?
- Welche Unterschiede gibt es zum Vergleichsprojekt?
  - Baugrund?
  - Entfernung der Anlagenteile zueinander?
  - Bestand oder Neubau?
  - Welche Unterschiede gibt es in der Planung (technische und kaufmännische Vertragsart)?

Eine Abweichungsliste ist vom Projektteam zu erstellen und gemeinsam mit allen Projekt-Beteiligten, die Positionen für Mehr- oder Minderkosten verursachen können, zu besprechen sowie separat zu bepreisen.

Dieses Vorgehen lässt sich nur für ±50% und ±30% Cost Estimates anwenden. Die ±10%-Cost Estimates sollten MTO-basiert erstellt werden. Ein Abgleich mit einem Vergleichsprojekt (gegebenenfalls angepasst) sollte unbedingt aus Plausibilitätsgründen erfolgen.

4.3 Material-Take-Off(MTO)-basierende Cost Estimates

Ein MTO(Stückliste)-basierendes Cost Estimate kann für alle 3 Typen von Cost Estimates (±50%, ±30% und für ±10%) angewendet werden. Nur die Detailtiefe ist der Phase und damit der Genauigkeit anzupassen.

4.3.1 Aufbau und Vorgehen

Jedes im Projekt involvierte Fachgewerk erstellt ein MTO mit mindestens folgenden Informationen:

- Kategorie (wie Bauwesen oder Rohrleitungsbau),
- Leistungsbeschreibung (zum Beispiel Erdaushub maschinell oder Rohr mit Nenndurchmesser DN100),
- Material und
- Anzahl.

Dieses wird bepreist und entsprechende MTO Allowances sind zu berücksichtigen, um mögliche Designänderungen abzudecken. In Kapitel 5 «Aufbau von Cost Estimates» wird der prinzipielle Aufbau beschrieben. Ob die MTOs einzeln bepreist oder in einem Dokument zusammengefasst sind, ist individuell zu entscheiden. Bezüglich der Transparenz sind die MTOs einzeln zu bepreisen und die Summen der direkten Kosten pro Kategorie in einen «Detailblock» des Cost Estimates für alle Gewerke zusammenzufassen. Die Allowances sollten in diesem Detailblock einzeln für jedes Fachgewerk einstellbar sein.

4.3.1.1 MTO für Equipment

Für ±50% Cost Estimates

Erstellung der Equipment-Liste mit folgenden Informationen (je nachdem, was zutrifft):

- Revision – zum einfachen Überblick der Änderungen im Projekt und um prüfen zu können, ob die aktuellste Version für das Cost Estimate verwendet wird,
- Equipment-Typ (Pumpe, Behälter usw.),
- Bauart (Plattenwärmetauscher usw.),
- Material,
- Gewicht,
- Wandstärke,
- Leistung,
- Förderhöhe,
- Volumenstrom,
- Isolierung und
- Beheizung (elektrisch/Dampf).

Budgetangebote werden bevorzugt, aber die Kosten können auch auf In-house-Preisen basieren sowie aus Kostenschätzungstools (wie z.B. Aspen Capital Cost Estimator) stammen.

Für ±30% Cost Estimates

Equipment-Liste wie 50%. Für die Kosten muss der Scope angefragt werden (Budgetanfrage). In-house-Kalkulationen für Haupt- und Nebenequipment sind für den Vergleich und Abgleich der ±30%-Angebote empfehlenswert.

Für ±10% Cost Estimates

Equipment-Liste wie 50%. Für die Kosten muss der Scope angefragt werden. In-house-Kalkulationen für Haupt- und Nebenequipment sind für den Vergleich und Abgleich der ±10%-Angebote empfehlenswert.

4.3.1.2 MTO für Bauwesen (Civil & Steel)

Für ±50% Cost Estimates

Erstellung des Civil MTOs mit folgenden Informationen (je nachdem, was zutrifft, eine grobe prozentuale Aufteilung je nach Kategorie ist auch möglich, wenn der Planungsstand die Details noch nicht zulässt):

- Revision – zum einfachen Überblick der Änderungen im Projekt und um prüfen zu können, ob die aktuellste Version für das Cost Estimate verwendet wird.

Massivbau:

- Aushubmenge in m^3 mit Maschinenschachtung,
- Aushubmenge in m^3 mit Handschachtung,
- Aushubmenge in m^3 mit Mischschachtung,
- Neue Erde / Kies in m^3,
- Entsorgung Erde in m^3,
- Kontamination in m^3,
- Betonmenge in m^3,

- Bewehrung in kg,
- Verbau in m^2,
- Kabelgräben in m (AwSV – Fläche ja / nein),
- Brandschutz am Rahmen von Kolonnen usw. in m^2 und
- weitere projektspezifische Anforderungen.

Stahlbau:

- Primärstahlbau in der Kategorie $<$20 kg/m,
- Primärstahlbau in der Kategorie 20 kg/m $< \times <$50 kg/m,
- Primärstahlbau in der Kategorie 50 kg/m $< \times <$100 kg/m,
- Primärstahlbau in der Kategorie $\times >$100 kg/m,
- **S**onder**u**nterstützungen (SUs) in kg für Bestandsanlagen,
- Gitterroste in m^2,
- Leitern in m,
- Handläufe in m,
- Brandschutz am Stahlbau in m^2 und
- weitere projektspezifische Anforderungen.

Die Kosten können auf In-house-Preisen basieren sowie aus den Kostenschätzungstools stammen.

Für $\pm$30% Cost Estimates
Erstellung des Civil MTOs mit folgenden Informationen (je nachdem, was zutrifft):

- Revision – zum einfachen Überblick der Änderungen im Projekt und um prüfen zu können, ob die aktuellste Version für das Cost Estimate verwendet wird.

Massivbau: Erstellung des MTOs wie 50% Cost Estimate ohne prozentuale Aufteilung.
Die Kosten können auch auf In-house-Preisen basieren sowie aus den Kostenschätzungstools stammen.

Stahlbau: Erstellung des MTOs wie 50% Cost Estimate ohne prozentuale Aufteilung.
Die Kosten können auch auf In-house-Preisen basieren sowie aus den Kostenschätzungstools stammen.

Für $\pm$10% Cost Estimates
Erstellung des Civil MTOs mit folgenden Informationen (je nachdem, was zutrifft):

- Revision – zum einfachen Überblick der Änderungen im Projekt und um prüfen zu können, ob die aktuellste Version für das Cost Estimate verwendet wird.

Massivbau: Erstellung des MTOs wie 30% Cost Estimate.
Die Kosten müssen auf verlässlichen Preisen beruhen, daher ist das MTO anzufragen oder mit Rahmenvertragspreisen zu bewerten.

Stahlbau: Erstellung des MTOs wie 30% Cost Estimate.
Die Kosten müssen auf verlässlichen Preisen beruhen, daher ist das MTO anzufragen oder mit Rahmenvertragspreisen zu bewerten.

Der gleiche Aufbau für die verschiedenen Phasen sollte erhalten bleiben, um einen Vergleich der Mengenänderungen in den einzelnen Phasen zu vereinfachen, siehe Key-Quantities-Liste (Abschnitt 5.4).

4.3.1.3 MTO für Rohrleitungsbau (Piping)

Für ±50% Cost Estimates

Erstellung einer Piping-Übersicht mit folgenden Informationen (je nachdem, was zutrifft, eine grobe prozentuale Aufteilung je nach Kategorie ist auch möglich, wenn der Planungsstand die Details noch nicht zulässt):

- Revision – zum einfachen Überblick der Änderungen im Projekt und um prüfen zu können, ob die aktuellste Version für das Cost Estimate verwendet wird,
- Erstellung einer Rohrleitungsliste für alle Medium führenden Leitungen (keine Begleitheizungsrohre, Stickstoffleitungen usw.):
  - Angaben zum Nenndurchmesser (DN),
  - Angaben zum Material,
  - Rohrlänge in m,
  - vorläufige Rohrklasse oder Druckstufe und Wanddicke,
  - Angaben, ob sich die Rohrleitung im ISBL-Abschnitt oder im OSBL-Abschnitt befindet,
  - Angaben zur Isolierung,
  - Angaben zum Glühen der Schweißnähte (Material- oder Medium-bedingt),
  - Angabe, wie viel % der Schweißnähte geröntgt werden müssen, und
- weitere projektspezifische Anforderungen (90% Vorfertigung usw.).

Anschließend werden für die Rohrleitungen Komplexitäten festgelegt. Dies kann gruppiert erfolgen (ISBL / OSBL) oder für jede Leitung einzeln.

Typische Komplexitäten sind in Tabelle 4.2 dokumentiert.

Tabelle 4.2 *Komplexität*

Projektabschnitt	Komplexitätswerte
ISBL	7 – 15
OSBL	2 – 5

BEISPIEL

Das folgende Beispiel zeigt die Komplexitätsbestimmung, siehe Tabelle 4.3

Komplexität 7 (entspricht ca. 7 Fittinge und Flansche auf 10 m Rohr)
Rohrlänge = 100 m, DN25
(Es gibt viele Möglichkeiten, um auf 7 Fittinge und Flansche je 10 m Rohr zu gelangen.)

Tabelle 4.3 *Beispiel für die Komplexität*

Anzahl Fittings	Anzahl Flansche	Komplexität
50	20	7
20	50	7

Tabelle 4.3 zeigt, dass mehrere Möglichkeiten mit verschiedenen Wahrscheinlichkeiten möglich sind, die Komplexitätsvorgabe zu erfüllen. Daher sollte die Komplexitätszusammensetzung mit der Rohrleitungsabteilung abgestimmt werden.

Die Kosten können auf In-house-Preisen basieren sowie aus den Kostenschätzungstools stammen. Kleinmaterialkosten wie Schrauben und Dichtungen sind mit ca. 80% der Flangekosten abzuschätzen oder mit 2 bis 5% für Kleinmaterialzuschlag auf das komplette Rohrleitungsmaterial anzusetzen.

Die Kosten für die Dampfbegleitheizungen sind wie folgt zu berechnen:

a) Gesamtmenge in Meter des zu beheizenden Rohres,
b) multipliziert mit 2,5 bis 3 (für Vor- und Rücklaufleitungen bis zum Verteiler) und
c) multipliziert mit dem Einheitspreis aus Tabelle 4.4.

Tabelle 4.4 *Einheitspreise für die Begleitheizung*

Beschreibung	Einheitspreis
1 Strang	175 €/m
2 Strang	250 €/m

Ein Beispiel für ein 100 m zu beheizendes Rohr mit einem Strang:

$$100 \text{ m} \times 2{,}5 \times 175 \text{ €/m} = 43\,750 \text{ €}$$

Die Kosten für die Infrastruktur (Vorlauf- und Rücklaufverteiler) müssen ergänzend berücksichtigt werden.

Für ±30% Cost Estimates

Bei einem ±30% Cost Estimate stellt sich zunächst die Frage: Ist dieses Projekt ein Piping-lastiges Projekt?

a) bei nein: Vorgehen wie bei ±50% und
b) bei ja: Vorgehen wie bei ±10%, siehe unten.

Zur Orientierung von Piping-lastigen Projekten ist zu überprüfen, ob die Gesamtrohrbaukosten (Material + Montage) ca. 20% des Total-Base-Wertes übersteigen. In diesem Fall ist wie beim ±10% Cost Estimate vorzugehen.

Der Anteil der Piping-Kosten an den Gesamtkosten liegt erst dann vor, wenn die Gesamtkosten ermittelt sind. Um eine mögliche Neubewertung der Piping-Kosten zu vermeiden, sollte schon vor der Erstellung des Cost Estimates im Estimating-Plan das Vorgehen für die Abschätzung der Kosten im Projektteam besprochen und abgestimmt werden (siehe Abschnitt 5.1 Estimating-Plan).

Für ±10% Cost Estimates

Erstellung eines Piping-MTOs mit folgenden Informationen (je nachdem, was zutrifft):

- Revision – zum einfachen Überblick der Änderungen im Projekt und um prüfen zu können, ob die aktuellste Version für das Cost Estimate verwendet wird,

- Erstellung eines Rohrleitungs-MTOs für alle Leitungen (inkl. Begleitheizungsrohre und Stickstoffleitungen usw.):
  - Angaben zum Nenndurchmesser,
  - Angaben zum Material,
  - Rohrlänge in m,
  - Anzahl an Fittings & Flansche,
  - Anzahl an Handarmaturen,
  - Rohrklasse oder Druckstufe und Wanddicke,
  - Angaben, ob sich die Rohrleitung im ISBL- oder im OSBL-Abschnitt befindet,
  - Angaben zur Isolierung,
  - Angaben zum Glühen der Schweißnähte (Material- oder Medium-bedingt),
  - Angabe, wie viel % der Schweißnähte geröntgt werden müssen, und
- weitere projektspezifische Anforderungen.

Die Kosten müssen auf verlässlichen Preisen beruhen, daher ist das MTO anzufragen oder mit Rahmenvertragspreisen zu bewerten.

4.3.1.4 MTO für EMSR (Elektrik, Messen, Steuern und Regeln)

Zur Verdeutlichung des MSR-Scopes zeigen Bild 4.1 ein MSR-Konzept und Bild 4.2 eine typische MSR-Signalkette.

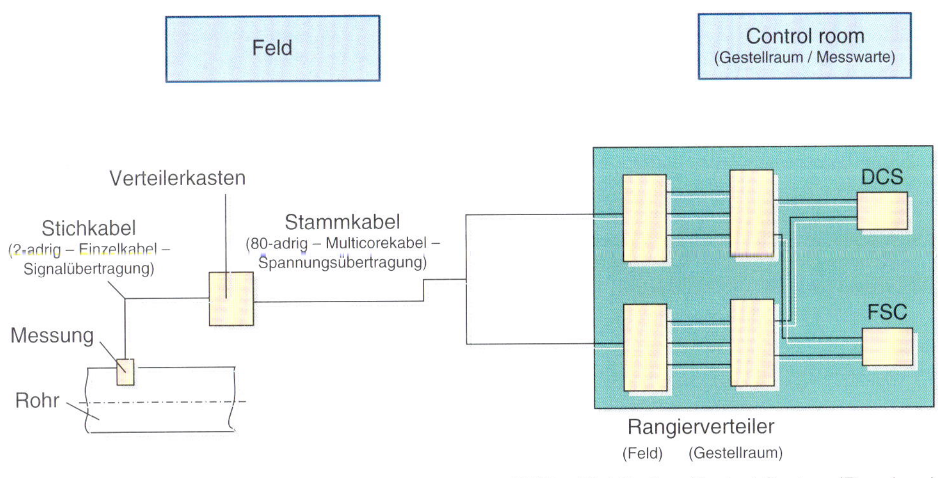

Bild 4.1 *MSR-Konzept*

Die Abbildungen zeigen neben dem Aufbau der MSR-Messungen und -Steuerungen auch «typische Fehler», die auftauchen können. Die Messungen selbst sind in den MTOs der Projektphasen miterfasst, aber die Stammkabel sind entweder

- nicht miterfasst,
- und / oder die entsprechenden Kabelgräben fehlen.

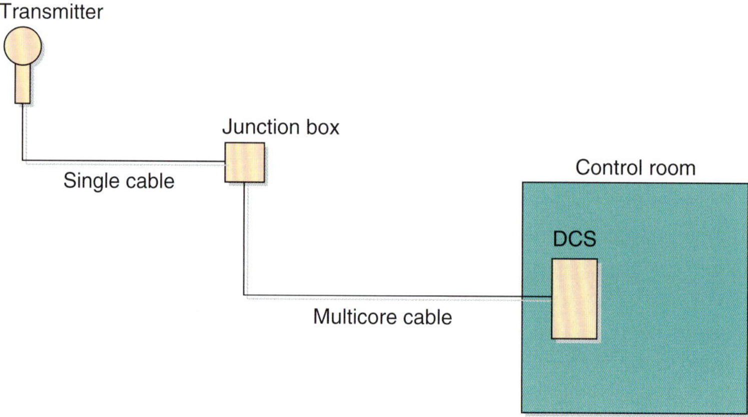

Bild 4.2 MSR-Signalkette

Des Weiteren werden die Kabelbahnen / Leerrohre für die Stichkabel vergessen.

Für ±50% Cost Estimates
Erstellung einer Instrumentierungsliste mit folgenden Informationen (je nachdem, was zutrifft):

- Revision – zum einfachen Überblick der Änderungen im Projekt und um prüfen zu können, ob die aktuellste Version für das Cost Estimate verwendet wird.

Ventile:

- Nenndurchmesser (DN),
- Material,
- Druckstufe,
- Rohrklasse,
- Typ (Auf/Zu-Ventile, Drehkegelventile usw.) und
- weitere projektspezifische Anforderungen.

Messinstrumente:

- Typ (Druck, Temperatur usw.),
- Ausführung (Coriolis, Vortex usw.),
- Material,
- Druckstufe,
- Nenndurchmesser (DN) und
- weitere projektspezifische Anforderungen.

E-Technik:

- Aufstellung des E-Technik-Equipments (Transformatoren, Schaltanlage usw.) mit Angabe der Leistung und
- grobe Aufstellung der Kabeltypen und grobe Einschätzung der Längen inkl. Kabeltrassen.

MSR-Kabel & Instrumentenleitungen:
Für Kabel- und Instrumentenleitungen werden pauschale Ansätze getroffen, zum Beispiel 25-m-Kabel für jedes Instrument und Ventil inkl. Kabeltrasse.

Die Kosten können auf In-house-Preisen basieren sowie aus den Kostenschätzungstools stammen. Budgetangebote insbesondere für EMSR-Equipments sind aber zu bevorzugen.

Für ±30% Cost Estimates
Erstellung des EMSR MTOs wie bei 50% Cost Estimate, nur mit mehr Details bei den Armaturen, Instrumenten und E-Technik-Equipment. Die Kabel und Kabeltrassen können weiterhin pauschal abgeschätzt werden.

Für die Kosten werden Budgetangebote insbesondere für EMSR-Equipment bevorzugt. Diese können auch auf In-house-Preisen basieren sowie aus den Kostenschätzungstools stammen.

Für ±10% Cost Estimates
Erstellung des EMSR MTOs wie bei 50% Cost Estimate, nur mit mehr Details bei den Armaturen, Instrumenten und E-Technik-Equipment. Der Verlauf der Kabel und Kabeltrassen sollte jetzt zum größten Teil bekannt sein.

Die Kosten müssen auf verlässlichen Preisen beruhen, daher ist das MTO anzufragen oder mit Rahmenvertragspreisen zu bewerten.

4.3.1.5 MTO für Isolierung und Anstrich

Die Isolierungs- und Anstrichkosten sind in der Regel nicht die Kostentreiber in einem Projekt. Daher sollte insbesondere in frühen Projektphasen nicht viel Aufwand in die Abschätzung dieser Kosten investiert werden.

Basis für die Abschätzung von Isolierungs- und Anstrichpositionen sind die zu isolierenden Oberflächen.

Equipment-Isolierung und -Anstrich
Aus der Equipment-Liste muss hervorgehen, welches Equipment isoliert und angestrichen werden muss. Bei Vorliegen von Angeboten muss geprüft werden, ob die Isolier- und Anstrichkosten in dem Angebot bereits enthalten sind oder nicht. Fehlen diese Kosten, sind diese separat abzuschätzen.

- **Isolierungskosten:** Oberfläche Equipment × ca. 500 €/m^2 (ohne Gerüstbau!)
- **Anstrichkosten:** Oberfläche Equipment × ca. 50 €/m^2 (ohne Gerüstbau!)

Rohrleitungsisolierung und -Anstrich
Die Rohrleitungsoberfläche lässt sich sehr detailliert anhand des MTOs berechnen. Dies ist für ±10% Cost Estimates sinnvoll, insbesondere, wenn eine hohe Komplexität vorliegt.

Für Cost Estimates in früheren Projektphasen ist die gerade Länge der Rohrleitungsoberflächen der Rohre (inkl. Isolierstärke) zu berechnen und dann mit 1,5 zu multiplizieren. Diese Vorgehensweise ist nicht für zu hohe oder zu niedrige Komplexitäten geeignet. Bei höheren Komplexitäten (ab 8) ist die Oberfläche an Hand des MTOs zu berechnen.

- **Isolierungskosten:** Oberfläche Rohrleitung × ca. 150 €/m^2 (ohne Gerüstbau!)
- **Anstrichkosten:** Oberfläche Rohrleitung × ca. 50 €/m^2 (ohne Gerüstbau!)

4.3.1.6 MTO für Baustelleneinrichtung (Temporary Facilities)

Baustelleneinrichtungen werden in drei Kategorien eingeteilt:

- Krankosten,
- Gerüstkosten und
- allgemeine Baustelleneinrichtungen (Zäune, Baustromverteiler, Container usw.).

Für ±50% Cost Estimates
Für ±50% Cost Estimates lässt sich mit prozentualen Ansätzen für alle drei Kategorien arbeiten.

Krankosten: Um die Krankosten zu berechnen, sind 7 bis 9% der Construction Hours (Summe aller Montage- und Demontagestunden) anzusetzen. Diese Stunden werden mit einer Unit Rate für einen 150-Tonnen-Kran multipliziert. Als Preis Indication kann ein Wert von 150€/Std. bis 200€/Std. herangezogen werden.

Besondere Kranarbeiten müssen separat, wie z.B. beim Heavy Lift von großen Kolonnen, berücksichtigt werden.

Gerüstkosten: 9 bis 15% der gesamten Construction Cost sind anzusetzen.

Allgemeine Baustelleneinrichtungen: 8 bis12% der gesamten Construction Cost sind anzusetzen.

Für ±30% Cost Estimates
Für ±30% Cost Estimates lässt sich auch mit prozentualen Ansätzen für alle drei Kategorien arbeiten. Wenn jedoch zu erwarten ist, dass viele Gerüste und / oder Krane zum Einsatz kommen, dann ist ein MTO zu erstellen. Die Bepreisung erfolgt über Rahmenvertragspreise oder Angebote.

Krankosten: Wie bei ±50% Cost Estimate oder Erstellung eines Kranaufstellungsplans (Einzeichnung des Kranstandortes mit Aktionsradius des Krans). Die geplanten Aufstellungsorte müssen zuvor auf Tauglichkeit, Verfügbarkeit und auf Erreichbarkeit geprüft werden. Für Heavy Lifts sind Budgetangebote zu bevorzugen, aber die Kosten können auch auf In-house-Preisen basieren oder aus den Kostenschätzungstools stammen.

Gerüstkosten: Wie bei ±50% Cost Estimate oder Erstellung eines Gerüstaufstellungsplans (Einzeichnung der Gerüste). Die geplanten Aufstellungsorte müssen zuvor auf Tauglichkeit, Verfügbarkeit und nicht zu vergessen auf Erreichbarkeit geprüft werden. Zusätzlich muss die Frage geklärt werden, wie oft die Gerüste aufgebaut bzw. umgebaut werden und ob und wie lange ein Gerüst-Stand-by-Team (Gerüstbauer, die auf Bedarf, die Gerüste umbauen) erforderlich ist.

Allgemeine Baustelleneinrichtungen: Wie bei ±50% Cost Estimate.

Für ±10% Cost Estimates
Für ±10% Cost Estimates sollten mit prozentualen Ansätzen nur die allgemeinen Baustelleneinrichtungen abgeschätzt werden. Eine Plausibilitätsüberprüfung hat zu erfolgen. Für Krane und Gerüst ist ein MTO zu erstellen. Die Bepreisung erfolgt über Rahmenvertragspreise oder Angebote.

Krankosten: Erstellung eines Kranaufstellungplans (Einzeichnung des Kranstandortes mit Aktionsradius des Krans). Die geplanten Aufstellungsorte müssen zuvor auf Tauglichkeit, Verfügbarkeit und nicht zu vergessen auf Erreichbarkeit geprüft werden.

Gerüstkosten: Erstellung eines Gerüstaufstellungsplans (Einzeichnung der Gerüste). Die geplanten Aufstellungsorte müssen zuvor auf Tauglichkeit, Verfügbarkeit und nicht zu vergessen auf Erreichbarkeit geprüft werden. Zusätzlich muss die Frage geklärt werden, wie oft die Gerüste aufgebaut bzw. umgebaut werden und ob und wie lange ein Gerüst-Stand-by-Team (Gerüstbauer, die auf Bedarf die Gerüste umbauen) erforderlich ist.

Allgemeine Baustelleneinrichtung: Wie bei ±50%. Plausibilitätsprüfung mit grobem MTO und Rahmenvertragspreisen ist empfehlenswert.

4.4 Factorised Cost Estimates versus MTO-basierte Cost Estimates

Nicht für jedes Cost Estimate kann ein Factorised Cost Estimate erstellt werden. Tabelle 4.5 gibt einen Überblick, mit welcher Methode welches Cost Estimate erstellt werden kann.

Tabelle 4.5 *Einsatzfähigkeit der verschiedenen Cost-Estimate-Methoden*

Methode	Cost-Estimate-Genauigkeit	Bedingung
Factorised	±50%	Equipment-Anteil an den Gesamtkosten ist ca. mindestens 20%. Nur ISBL-Abschnitt Für Infrastrukturen und OSBL-Abschnitt muss ein separates MTO-basiertes Cost Estimate erstellt werden.
MTO-basiert	±50%	MTO-Aufbau
MTO-basiert	±30%	MTO-Aufbau
MTO-basiert	±10%	MTO-Aufbau

4.5 Typische Unzulänglichkeiten von Cost Estimates

Typische Unzulänglichkeiten, die bei der Erstellung von Cost Estimates in verschiedenen Kostenpositionen außer Acht gelassen werden, ist das «Nicht-Berücksichtigen» von notwendigen Maßnahmen für:

- Kranaufstellung,
- Demontage der Rohrleitungen,
- Verstärkungen von vorhandenem Stahlbau,
- Transportwege,
- Kabelgräben,
- Kabelbahnen, Leerrohre und
- Einrüstungen usw.

5 Aufbau von Cost Estimates

Eine Kostenschätzung enthält folgende Begleitdokumente:

- Estimating-Plan (Abschnitt 5.1),
- Basis of Estimate (Abschnitt 5.2),
- Cost Estimate Summary und Cost Estimate Details (siehe Abschnitt 5.3) und
- Key-Quantities (siehe Abschnitt 5.4).

5.1 Estimating-Plan

Im Estimating-Plan wird für jede Disziplin einzeln aufgelistet, welche Planungsdokumente für das Cost Estimate in welcher Detailtiefe zu erstellen sind. Darüber hinaus ist zu beschreiben, welche Preisquellen für welchen Scope (Lieferumfang) heranzuziehen sind, zum Beispiel, In-house-Daten und/oder Angebote für Rohrmaterial (Rohre, Fittings und Flansche usw.). Außerdem muss der Estimating-Plan eine Terminschiene dokumentieren, wie Tabelle 5.1 exemplarisch darstellt.

TEMPLATE
Im Anhang ist eine Vorlage (Template) eines Estimating-Plans enthalten.

GRUNDSATZ
Wichtig ist, dass der Estimating-Plan mit dem Projektteam zu besprechen und freizugeben ist. Darüber hinaus sollte der Estimating-Plan zu Beginn jeder Projektphase erstellt und freigegeben werden, damit alle Beteiligten sich vorbereiten können.

Tabelle 5.1 *Milestone-Plan in dem Estimating-Plan*

Beschreibung	Zuständigkeit	Enddatum	Kommentar
Freigabe des Estimating-Plans durch das Projektteam	Projektleiter	11.01.2018	
– Equipment-Liste – Rohrleitungsliste – Einbindepunkteliste – Rohrleitungs- und Instrumentenfließschemata – Blockflussdiagramm	Verfahrenstechnik	20.02.2018	Mit Projektfreigabe
Aufstellungsplan	Rohrleitungsbau	20.02.2018	Mit Projektfreigabe
Stromlaufplan	E-Technik	20.02.2018	Mit Projektfreigabe
Instrumenten-Index	Messen, Steuern, Regeln (MSR)	20.02.2018	Mit Projektfreigabe
Start des Cost Estimates		20.02.2018	

Tabelle 5.1 Milestone-Plan in dem Estimating-Plan – Fortsetzung

Beschreibung	Zuständigkeit	Enddatum	Kommentar
Übersendung der Material-Take-Offs bzw. Mengenauszüge (MTOs) an Estimating – Rohrleitungsbau – Bauwesen – E-Technik – MSR – Kran & Gerüstbau	Disziplin & Projektleiter	20.02.2018	Mit Projektfreigabe
Endtermin bis zum Erhalt aller Angebote	Disziplin & Projektleiter	05.03.2018	Mit technischer Überprüfung der Fachgewerke (TBA)
Übergabe der Stundenschätzungen der Gewerke	Disziplin & Projektleiter	07.03.2018	Mit Projektfreigabe
Project Team Review	Estimating	09.03.2018	
Cost Estimate Review mit internen Management		15.03.2018	
Übersendung des Cost Estimates an alle Beteiligten		19.03.2018	Nach Erhalt der Managementfreigabe

Der Estimating-Plan besteht zusammengefasst aus:

- Projektübersicht,
- Scope (Leistungsumfang),
- Aufteilung nach Anlagen, Turnaround und/oder zeitlicher Ausführung,
- Preisquellenübersicht,
- Milestone-Plan,
- Anforderungen an die Gewerke und
- Anhang, wie die Project-Cost-Estimate-Template.

5.2 Basis of Estimate

Das **B**asis **o**f **E**stimate (BoE) dient im Wesentlichen für folgende Aufgaben:

- Kurzvorstellung des Projektinhaltes,
- Beschreibung der verwendeten Planungsdokumente und
- Beschreibung der Annahmen und Ausschlüsse, die in dem Cost Estimate getroffen wurden.

Das BoE muss mindestens folgende Bestandteile enthalten, damit die Kostenschätzung plausibel und transparent ist:

- Kurzvorstellung des Projektinhaltes,
- kurze tabellarische Zusammenfassung der Änderungen gegenüber der Vorphase (wenn vorhanden) oder Revision mit der Einteilung der nachfolgenden Kategorien:
  - Neubewertung (neue Angebote, neue Material-Take-Offs (Stücklisten), aber alles bei gleichem Scope!),
  - Projektumfangsreduzierung,
  - Projektumfangserweiterung und
  - Leistungstransfer zu einem anderen Projekt;

- Verweis auf die Planungsdokumente, die als Grundlage dienten (in Abhängigkeit der Projektphase):
  - Aufstellungspläne,
  - Rohrleitungs- und Instrumentenfließschemata,
  - Isometrien,
  - Fundamentzeichnungen,
  - Angebote,
  - Equipment-Liste,
  - Materialauszug der Gewerke,
  - Gerüst- und Kranaufstellungspläne inkl. Standzeit und Bedarfsrechnung für ein Stand-by-Team für Gerüstbau;
- Beginn der Einkaufsaktivitäten,
- Baubeginn und -ende,
- Auflistung der Key-Quantities (Schlüsselmengen der einzelnen Gewerke) und
- tabellarische Übersicht mit allen Annahmen und Ausschlüssen sowie der Dokumentation, ob diese Kosten im Cost Estimate enthalten oder ausgeschlossen sind.

TEMPLATE
Im Anhang ist eine Vorlage (Template) eines Basis of Estimate enthalten.

5.3 Cost Estimate «Summary» und «Details»

Das Cost Estimate besteht in der Regel aus zwei Blöcken, der Zusammenfassung (Summary) sowie den Details.

5.3.1 Cost Estimate Summary

Aufbau der tabellarischen Zusammenfassung (Cost Estimate Summary, siehe Tabelle 5.2):

- Trennung und Sortierung von Material, Montagekosten, Planungsleistungen und Bauleitung.
- Aufteilung der Kosten nach Gewerken, mindestens folgende Gewerke sollten einzeln dargestellt werden:
  - Equipment (Aufgeteilt nach Hauptelement wie Kolonnen, Pumpen, Wärmetauscher, Behälter usw.),
  - Rohrleitungsbau,
  - Massivbau,
  - Stahlbau,
  - E-Technik,
  - Instrumentierung,
  - Anstrich,
  - Isolierung und
  - Baustelleneinrichtung (aufgeteilt in den folgenden Elementen: Gerüstbau, Krankosten und allgemeine Baustelleneinrichtungen wie Baustrom, Bauzäune usw.).

Tabelle 5.2 Aufbau eines Cost Estimate Summary (TIC)

General Project Data			
Client:	xxx	**Date:**	xx.xx.20xx
Project name:	xxx	**Project number:**	xxx
Currency:	xxx	**Rev.:**	xxx
Cost-Estimate-Accuracy:	xxx	**Project Phase:**	xxx

Cost-Estimate-Summary (Section 1 of 3 Sections)						
Account Code	**Description**	**Total Manhours**	**Pieces**	**Total Cost [€]**	**% of Total Base**	**% of Equipment**
1.000	Vessels			0		
1.100	Columns			0		
1.200	Reactors			0		
1.300	Heat exchangers			0		
1.400	Furnace equipment			0		
1.500	Package units			0		
1.600	Compressors			0		
1.700	Blowers and Fans			0		
1.800	Pumps			0		
1.900	Miscellaneous equipment			0		
	Sum of Equipment		**0**	**0**	**0%**	**0%**
2.000	Piping			0		
3.000	Instrumentation			0		
4.000	Electrical			0		
5.000	Other			0		
	Sum of Material			**0**	**0%**	**0%**
6.000	Piping installation Labour / Subcontract	0		0		
7.000	Instrumentation installation Labour / Subcontract	0		0		
8.000	Electrical installation Labour / Subcontract	0		0		
9.000	Civil	0		0		
10.000	Steel	0		0		
11.000	Installation of equipment	0		0		
12.000	Demolition	0		0		
13.000	Painting	0		0		
14.000	Insulation	0		0		
15.000	Temporary facilities incl. Crane & Scaffolding			0		
	Sum of Labour / Subcontracts	**0**		**0**	**0%**	**0%**

Tabelle 5.2 *Aufbau eines Cost Estimate Summary (TIC) – Fortsetzung*

Cost-Estimate-Summary (Section 2 of 3 Sections)						
Account Code	**Description**	**Total Manhours**	**Pieces**	**Total Cost [€]**	**% of Total Base**	**% of Equipment**
16.000	Engineering main Contractor FEL1	0		0		
17.000	Engineering main Contractor FEL 2	0		0		
18.000	Engineering main Contractor FEL 3	0		0		
19.000	Engineering main Contractor Detail	0		0		
20.000	Engineering main Contractor Procurement	0		0		
21.000	Engineering main Contractor As-built	0		0		
22.000	Engineering main Contractor CM	0		0		
23.000	Engineering main Contractor Commissioning & Start-up	0		0		
24.000	Other 3rd Party FEL-1	0		0		
25.000	Other 3rd Party FEL-2	0		0		
26.000	Other 3rd Party FEL-3	0		0		
27.000	Other 3rd Party Detail	0		0		
28.000	Other 3rd Party Commissioning & Start-up	0		0		
29.000	Client cost FEL-1	0		0		
30.000	Client cost FEL-2	0		0		
31.000	Client cost FEL-3	0		0		
32.000	Client cost Detail	0		0		
33.000	Client cost Procurement	0		0		
34.000	Client cost CM	0		0		
35.000	Client cost Commissioning & Start-up	0		0		
	Sum of Engineering & CM	**0**		**0**	**0%**	**0%**
	Total Base	**0**	**0**	**0**	**0%**	**0%**
36.000	Capital spares			0		
37.000	Vendor representative			0		
38.000	Insurances			0		
39.000	Special Transport			0		
40.000	Normal Contingency	0%	0	0		
41.000	Risk Contingency					
42.000	Escalation		0	0		
43.000	Other					

Tabelle 5.2 Aufbau eines Cost Estimate Summary (TIC) – Fortsetzung

Cost-Estimate-Summary (Section 3 of 3 Sections)						
Account Code	**Description**	**Total Manhours**	**Pieces**	**Total Cost [€]**	**% of Total Base**	**% of Equipment**
	Round			0		
	Total Invest Cost (TIC)			**0**	**0%**	**0%**

Remarks	

Approvals			
Function	**Name**	**Signature**	**Date**

Additional information	
Lang factor:	0,00
Engineering Cost Ratio	0,0%
Material Cost Ratio	0,00
Av. MTO Allowances %	0%
Sum of MTO Allowances	0 €

Tabelle 5.3 *Struktur der Details eines Cost Estimates*

General Project Data			
Client:	xxx	Date:	xx.xx.20xx
Project name:	xxx	Project number:	xxx
Currency:	xxx	Rev.:	xxx
Cost-Estimate-Accuracy:	xxx	Project Phase:	xxx

Review of Total Sum in Detail Register with the Total Sum in Summery Register	
Total Sum in Detail Register	0
Total Sum in Summery Register	0
Delta	0

General Scope Data								
Account Code Material	Account Code Labour	TA %	2nd shift %	Saturday %	Sunday %	Year of Execution	Price source	Attachment
1.000	11.000	50%	10%	20%	30%			
1.000	11.000							
1.000	11.000							
1.100	11.000							
1.100	11.000							
1.100	11.000							

Scope Description						
Discipline / Description	Material	Weight	DN	Power in kW	Quantity	Unit
	Equipment					
	Vessels					
	Columns					

Material				
Unit Price [€]	Subtotal Price [€]	Design / MTO Allowances [%]	Summary of Allowances [€]	Total Material price [€]
	0		0	0
	0		0	0
	0		0	0
	0		0	0
	0		0	0
	0		0	0

Tabelle 5.3 *Struktur der Details eines Cost Estimates – Fortsetzung*

Labour							Contracts							Subsummary	
Hours per Unit [hr.]	Hourly Rate [€]	Subtotal Price [€]	Design / MTO Allowances [%]	Summary of Allowances [€]	Total Labour Price [€]	Total Hours	Unit Price [€]	Subtotal Price [€]	Design / MTO Allowances [%]	Summary of Allowances [€]	Total Contract Price [€]	Hours of Contracts		Total Sum [€]	% of Total Base Cost
	55	0		0	0	0		0		0	0	0		0	0%
	55	0		0	0	0		0		0	0	0		0	0%
	55	0		0	0	0		0		0	0	0		0	0%
	55	0		0	0	0		0		0	0	0		0	0%
	55	0		0	0	0		0		0	0	0		0	0%
	55	0		0	0	0		0		0	0	0		0	0%
	55	0		0	0	0		0		0	0	0		0	0%
	55	0		0	0	0		0		0	0	0		0	0%

- Die Planungsleistungen sollten nach den Projektphasen und Kontraktoren aufgeteilt werden:
  - Hauptkontraktor (verantwortliches Ingenieurbüro),
  - 3rd Party (TÜV, Abnahmekosten usw.) und
  - kundeneigene Kosten.
- Kaufkosten für Grundstücke. Kann bei «Other» eingetragen werden oder ggf. eine zusätzliche Zeile einfügen).
- Contingency (Unvorhergesehenes).
- Escalation (Preissteigerung).
- TIC (***T**otal **I**nvest **C**ost*).

Das Cost Estimate mündet in den sogenannten TIC (***T**otal **I**nvest **C**ost*). Das TIC stellt die Gesamtkosten des Projektes für alle Projektphasen dar, siehe Tabelle 6.2 für ein Beispiel.

Für die Planungsleistungen gilt zu berücksichtigen, dass im Regelfall der Anlagenbetreiber (Kunde) einen Engineering-Partner (Hauptkontraktor) für das Projekt beauftragt, um das Engineering zu bearbeiten. Für einen effizienten Informationsfluss wird für das entsprechende Projekt ein Team aus dem Anlagenbetreiber sowie dem Engineering-Partner zusammengesetzt. Daher werden beim Planungsblock zwei Kostenanteile unterschieden.

TEMPLATE

Im Anhang sind eine Vorlage (Template) eines Cost Estimates Summary- und Detailblocks enthalten.

5.3.2 Cost Estimate Details

Die Struktur (Auszug) der Cost Estimate Details ist für die Transparenz und Plausibilitätsprüfung wie in Tabelle 5.3 dargestellt aufzubauen.

Die Mengen bzw. die Quantities münden aus der Planung, die in MTOs (Stücklisten) zusammengefasst sind. Die Einzelpreise stammen je nach Projektphase aus Erfahrungswerten und/oder bereits ausgeführten Projekten sowie Angeboten. Die Abschätzungen werden nach Material, Arbeit (Labor) und Contracted Costs (Abschätzung von Labor und Material gemeinsam) aufgeteilt.

Die Eingabe der Kosten erfolgt im Detailblock und die Zusammenfassung der Kosten erfolgt im Summaryblock.

5.4 Key-Quantities

Die Key-Quantities-Liste fasst die Stückzahlen des Scopes zusammen. Ein Beispiel zeigt Tabelle 5.4.

Durch die Key-Quantities-Liste ist die Mengennachverfolgung durch alle Projektphasen hinweg transparent. Daher ist eine solche Aufstellung zum Abschluss jeder Projektphase (**auch nach Detailengineering!**) zu komplettieren.

Bei einem «Factorised» $\pm50\%$ Cost Estimate können nur die Anzahl der Equipments eingetragen werden (siehe Abschnitt 4.1).

Tabelle 5.4 Aufbau der Key-Quantities-Liste

Allgemeine Projektdaten			
Kunde:	xxx	**Estimate-Stand:**	xx.xx.20xx
Projektname:	xxx	**Einkaufsbeginn:**	xx.xx.20xx
Projektnummer:	xxx	**Baubeginn:**	xx.xx.20xx
Cost-Estimate-Genauigkeit	xxx	**Bauende:**	xx.xx.20xx

Disziplin	Nummer	Cost Driver Beschreibung	Unit	+/-50% Cost Estimate	+/-30% Cost Estimate	+/-10% Cost Estimate	Bemerkung
Verfahrenstechnik							
	1	PFDs	Stück				
	2	R&Is	Stück				
	3	Datenblätter	Stück				
Behördenengineering							
	1	Ja /Nein					
Equipment							
	1	Anfragen	Stück				
	2	Package Units	Stück				
	3	Neue Equipment	Stück				
	4	Equipment modifiziert	Stück				
	5	Anzahl Equipment Demontage	Stück				
Bauwesen							
	1	Zeichnungen	Stück				
		Abruch					
	2	Beton	m^3				
	3	Treppen & Leitern	m				
	4	Stahlbau	Tonnage				
		Neu					
	5	Beton	m^3				
	6	Bewehrung	Tonnage				
	7	Aushub	m^3				
	8	Verbau	m^2				
	9	Treppen & Leitern	Tonnage				
	10	Stahlbau	Tonnage				
	11	Kabelgraben	m^3				
	12	Brandschutz (am Stahlbau)	m^2				
	13	Brandschutz (am Rahmen von Kolonnen usw.)	m^2				

Tabelle 5.4 *Aufbau der Key-Quantities-Liste – Fortsetzung*

Disziplin	Nummer	Cost Driver Beschreibung	Unit	+/-50% Cost Estimate	+/-30% Cost Estimate	+/-10% Cost Estimate	Bemerkung
Rohrleitungsbau							
	1	Anfragen	Stück				
	2	Anzahl der Einbindepunkte	Stück				
	3	Anzahl der Isometrien	Stück				
	4	Anzahl der Leitungen (Neu oder Modifiziert)	Stück				
	5	Anzahl der zu demontierenden Leitungen	Stück				
	6	Rohrlänge	m				
	7	Gewicht der gesamten Rohrleitung (inkl. Bögen, T-Stücke, Flansche & Ventile)	Tonnage				
	8	Anzahl der gesamten Rohrleitungen (inkl. Bögen, T-Stücke, Flansche)	Stück				
	9	Anzahl der Ventile	Stück				
	10	Mittlerer Durchmesser der Rohrleitung					
MSR							
	1	Block Diagrams (Konzepte)	Stück				
	2	Lay-out Drawings	Stück				
	3	Anfragen	Stück				
	4	Digital I/O	Stück				
	5	Analog I/O	Stück				
	6	Neue Instrumente (ohne Ventile)	Stück				
	7	Neue Ventile	Stück				
	8	Anzahl der zu demontierenden Ventile	Stück				
	9	Loops	Stück				
	10	Instrument Kabel (Multicore)	m				
	11	Instrument Kabel (Singlecore)	m				

Tabelle 5.4 *Aufbau der Key-Quantities-Liste – Fortsetzung*

Disziplin	Nummer	Cost Driver Beschreibung	Unit	+/-50% Cost Estimate	+/-30% Cost Estimate	+/-10% Cost Estimate	Bemerkung
E-Technik							
	1	Einliniendiagramm	Stück				
	2	Anfragen	Stück				
	3	E-Technik-Equipment	Stück				
	4	Gesamtkabellänge	m				
	5	Anzahl der Verbraucher	Stück				
	6	Begleitheizungslänge	m				
	7	Gesamtleistung	kW				
Einkauf							
	1	Anfragen	Stück				
	2	Anzahl der Verträge	Stück				

Kommentar:	

TEMPLATE
Im Anhang ist eine Vorlage (Template) der Key-Quantities enthalten.

5.5 Die verschiedenen Kostenarten (CAPEX und OPEX)

In Cost Estimates werden folgende Kostenarten unterschieden [55]:

- Capital Expenditure (CAPEX) = Investitionsausgaben sowie
- ggf. Betriebskosten (OPEX).

DEFINITIONEN
CAPEX sind alle Ausgaben, die in der Bilanz eine Erhöhung des Anlagenvermögens, wie neue Maschinen und Gebäude, darstellen. Dazu gehören auch die Kosten für Detailengineering, Rohrleitungsmaterialkosten usw.
OPEX sind die gesamten Betriebskosten für die laufende Anlage.

Auf die Erstellung des Cost Estimates haben die verschiedenen Kostenarten keinen Einfluss.

6 Signifikante Bestandteile einer Kostenschätzung

Tabelle 6.1 fasst die Kategorien einer Kostenschätzung zusammen: Engineering, Procurement, Construction und Miscellaneous. Zur Veranschaulichung dieser Kategorien zeigt Tabelle 6.2 ein Beispiel für ein Projekt mit einer Kolonne und Behälter. Die Schätzung dieser Projektkosten wird in de nächsten Kapiteln vorgestellt.

Tabelle 6.1 *Signifikante Bestandteile einer Kostenschätzung*

Planung (Engineering)	**Beschaffung bzw. Einkauf (Procurement)**		**Ausführung bzw. Bau und Installation (Construction)**		**Verschiedenes (Miscellaneous)**
	Equipment	**Bulk-Material**	**Erection**	**Supply & Erect**	**Miscellaneous I**
Kundenkosten (Own-Staff-Kosten)	Kolonnen	Instrumentierungsmaterial	Equipment-Montage	Bauwesen	Bauleitungskosten
Planungsunternehmen (Main Engineering Partner)	Wärmetauscher	Rohrleitungsmaterial	Instrumentierungsmontage	Stahlbau	Indirekte Kosten
Weitere spezielle Planungsunternehmen (3rd Party)	Behälter	E-Technik-Material	Rohrleitungsmontage	Beschichtung	Inbetriebnahmekosten
Behördenplanung (Authority Engineering)	Ofen	usw.	E-Technik-Montage	Isolierung	**Miscellaneous II**
Bauleitung (Construction Management)	Pumpen, Kompressoren		usw.	usw.	Zuschläge (Allowances)
usw.	usw.				Preissteigerung (Escalation)
					Unvorhergesehenes (Contingencies) usw.

Ergänzend zu Tabellen 6.1 und 6.2 veranschaulicht Bild 6.1 (siehe Klapptafel) den Projektzyklus und parallel die Erstellung der Cost Estimates mit den dazugehörigen Dokumenten, differenziert nach den Projektphasen.

Wie in Kapitel 5 beschrieben, sind die Hauptbestandteile eines Cost Estimates:

- Estimating-Plan,
- Basis of Estimate,
- Cost Estmate (selbst) und
- Key-Quantities.

Bis zur Projektgenehmigung (FID, DG 3) werden diese Dokumente in jeder Projektphase (FEL-1, FEL-2 und FEL-3) erstellt.

Weiterhin sind in Bild 6.1 das

- Escalation-Template und
- das Projektcheckliste-Template

der Vollständigkeit halber mit aufgeführt.

Tabelle 6.2 *Aufbau eines Cost Estimates Summary (TIC)*

Equipment			Bulk Material			Installation		
Type	**Summe in €**	**% of Total Base Cost**	**Type**	**Summe in €**	**% of Total Base Cost**	**Type**	**Summe in €**	**% of Total Base Cost**
Kolonne	1 500 000 €	13%	Rohrleitungsmaterial	450 000 €	4%	Equipment Installation	100 000 €	1%
Behälter	300 000 €	3%	E-Technik Material	250 000 €	2%	Massivbau	145 000 €	1%
			Instrumentierungs-material	700 000 €	6%	Stahlbau	800 000 €	7%
						Rohrleitungsmontage	900 000 €	8%
						E-Technikmontage	75 000 €	1%
						Instrumentierungs-montage	180 000 €	2%
						Anstrich	65 000 €	1%
						Isolierung	650 000 €	5%
						Gerüstkosten	1000 000 €	8%
						Krankosten	250 000 €	2%
						Allgemeine Baustellenein-richtung	350 000 €	3%
Summe Equip-ment Material	**1 800 000 €**	**15%**	**Summe Bulk Mate-rial**	**1 400 000 €**	**12%**	**Summe der Montage-kosten / Contracts**	**4 515 000 €**	**38%**

Tabelle 6.2 *Aufbau eines Cost Estimates Summary (TIC) – Fortsetzung*

Planungsleistungen Contractor			**Kunden eigene Planungsleistungen**			**3rd Party Planungsleistungen**		
Type	**Summe in €**	**% of Total Base Cost**	**Type**	**Summe in €**	**% of Total Base Cost**	**Type**	**Summe in €**	**% of Total Base Cost**
Engineering Hauptkontraktor Appraise	125,000 €	1%	Engineering Kunde Appraise	41,736 €	0,4%	Engineering 3rd Party Total	150,000 €	1%
Engineering Hauptkontraktor Select	450,000 €	4%	Engineering Kunde Select	150,250 €	1,3%			
Engineering Hauptkontraktor Define	750,000 €	6%	Engineering Kunde Define	250,417 €	2,1%			
Engineering Hauptkontraktor Execute	1,100,000 €	9%	Engineering Kunde Execute	367,279 €	3,1%			
Engineering Hauptkontraktor As-built	120,000 €	1%	Engineering Kunde As-built	40,067 €	0,3%			
Construction Management	450,000 €	4%	Construction Management Kunde	150,250 €	1,3%			
Summe der Kosten für den Hauptkontraktor	**2,995,000 €**	**25%**	**Summe der Kunden eigenen Kosten**	**1,000,000 €**	**8,5%**	**Summe der 3rd Party Kosten**	**150,000 €**	**1%**
Total Base Cost: 11.860.000€								
Contingincies mit 7%: 830.200€								
Escalation mit 2%: 237.200€								
Gesamtkosten (TIC): 12.927.400€								

Der Estimating-Plan wird zu Beginn einer Projektphase angefertigt und im Projektteam (inkl. Kunde) zur «Freigabe» verteilt. Dieser enthält u.a. neben einem Milestone-Plan für die Cost-Estimate-Erstellung wie Termine für den Erhalt der Angebote auch die Preisquellenübersicht, um die Herkunft der Preisquellen zu definieren (Angebote für Pumpen usw.). Details siehe Abschnitt 5.1.

TEMPLATE
Im Anhang befindet sich ein Template (Vorlage) des Estimating-Plans.

Das Basis of Estimate wird zusammen mit dem Cost Estimate erstellt und enthält u.a. neben einer Gesamtprojekt-Terminplanübersicht eine Übersicht mit Terminen wie Start Detail Engineering, Baubeginn und Bauende sowie eine kurze Projekt-Scope-Übersicht. Zusätzlich werden die Annahmen und Ausschlüsse für das Cost Estimate zusammengefasst. Details siehe Abschnitt 5.2.

TEMPLATE
Im Anhang befindet sich das Template (Vorlage) eines Basis of Estimates.

Das Cost Estimate besteht aus zwei Blöcken, der «Summary», also einem Summenblock, in dem die Kosten für Equipments wie Pumpen und Behälter, Materialkosten, Montagekosten und weitere Dienstleistungen aufgegliedert sind. Der zweite Block ist das sogenannte «Details». In diesem werden die Informationen aus den MTOs, Angeboten und Stundenschätzungen eingetragen und mit Allowances beaufschlagt. Details siehe Abschnitt 5.3.

TEMPLATE
Im Anhang befindet sich das Template (Vorlage) eines Cost Estimates.

Die Key-Quantities fassen die Mengen an Material und Planungsdokumenten der einzelnen Gewerke zusammen, wie Menge an Aushub, Betonmenge oder Anzahl der Instrumente. Für alle Cost Estimates, die auf MTOs basieren, sind die Key-Quantities zu erfassen, damit der Phasenabgleich und die Projektentwicklungsverfolgung möglich ist. Daher müssen die Key-Quantities auch in den nachfolgenden Projektphasen wie Execute erfasst werden. Nur damit ist es möglich, aus Unzulänglichkeiten die Rückschlüsse zu ziehen. Details siehe Abschnitt 5.4.

TEMPLATE
Im Anhang befindet sich das Template (Vorlage) der Key-Quantities.

Das Escalation Template bietet die Möglichkeit, die Preissteigerungen (Escalation), die für ein Projekt mit zu berücksichtigen sind, standardisiert und nach Hauptkategorien wie Material (exotisch oder Standard), Montageleistungen (freier Markt oder Rahmenvertragspartner) sowie Planungsleistungen (*Engineering*) und Bauleitung (CM) zu bewerten. Details siehe Abschnitt 10.5.

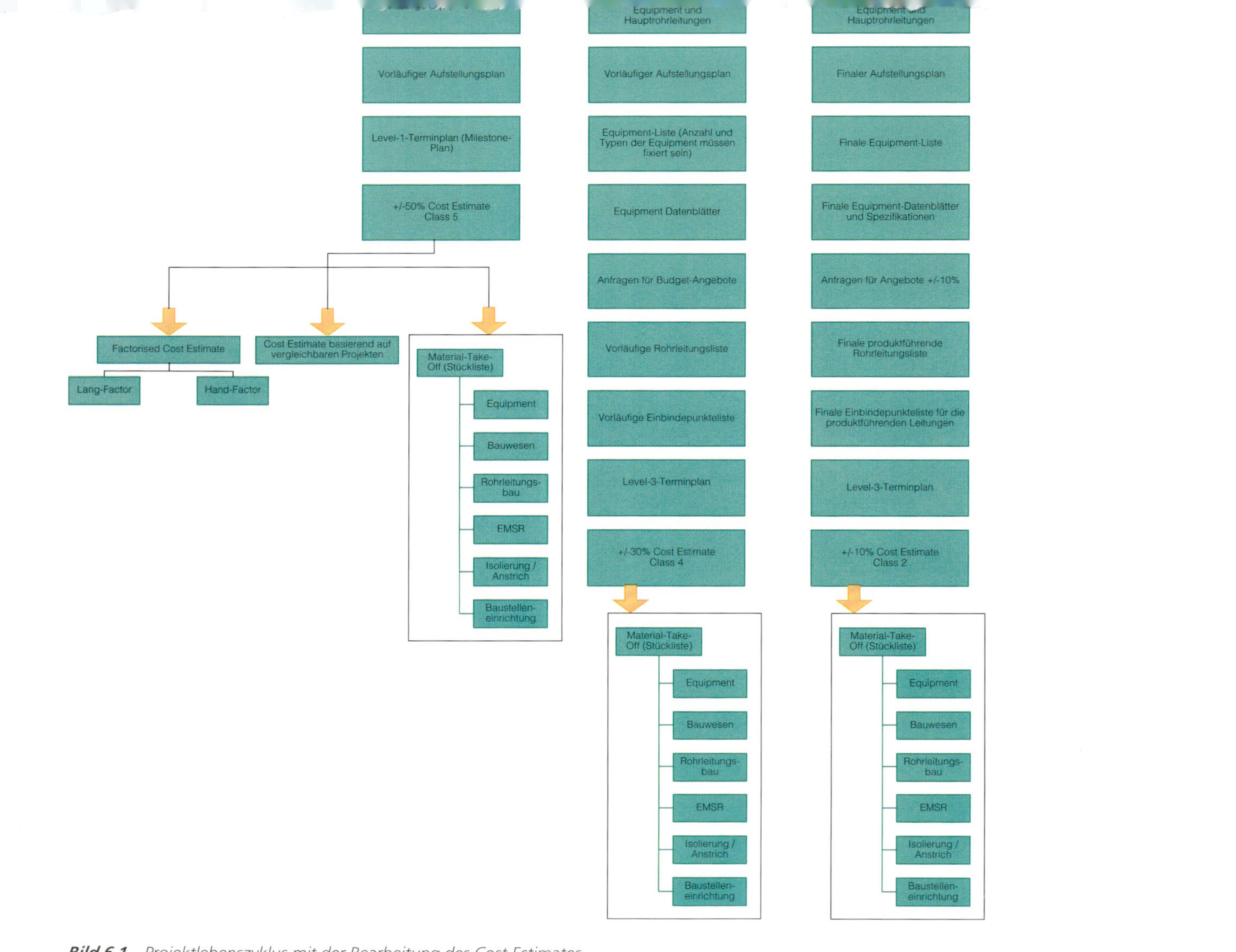

Bild 6.1 *Projektlebenszyklus mit der Bearbeitung des Cost Estimates*

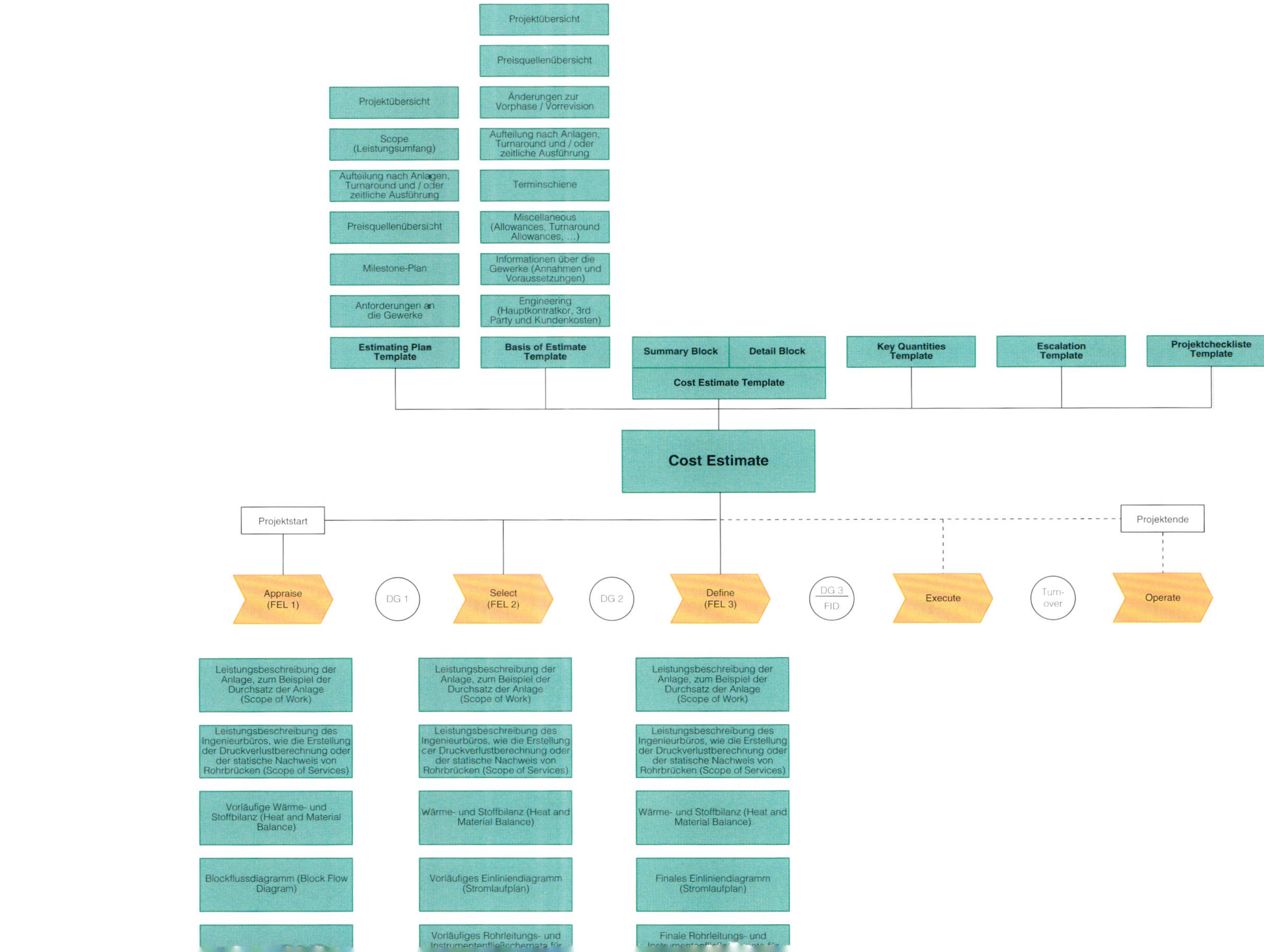

Projektübersicht
Preisquellenübersicht
Änderungen zur Vorphase / Vorrevision
Aufteilung nach Anlagen, Turnaround und / oder zeitliche Ausführung
Terminschiene
Miscellaneous (Allowances, Turnaround Allowances, ...)
Informationen über die Gewerke (Annahmen und Voraussetzungen)
Engineering (Hauptkontraktor, 3rd Party und Kundenkosten)
Projektübersicht
Scope (Leistungsumfang)
Aufteilung nach Anlagen, Turnaround und / oder zeitliche Ausführung
Preisquellenübersicht
Milestone-Plan
Anforderungen an die Gewerke
Estimating Plan Template
Basis of Estimate Template
Summary Block
Detail Block
Cost Estimate Template
Key Quantities Template
Escalation Template
Projektcheckliste Template
Cost Estimate
Projektstart
Projektende
Appraise (FEL 1)
DG 1
Select (FEL 2)
DG 2
Define (FEL 3)
DG 3
FID
Execute
Turn-over
Operate
Leistungsbeschreibung der Anlage, zum Beispiel der Durchsatz der Anlage (Scope of Work)
Leistungsbeschreibung des Ingenieurbüros, wie die Erstellung der Druckverlustberechnung oder der statische Nachweis von Rohrbrücken (Scope of Services)
Vorläufige Wärme- und Stoffbilanz (Heat and Material Balance)
Blockflussdiagramm (Block Flow Diagram)
Leistungsbeschreibung der Anlage, zum Beispiel der Durchsatz der Anlage (Scope of Work)
Leistungsbeschreibung des Ingenieurbüros, wie die Erstellung cer Druckverlustberechnung oder der statische Nachweis von Rohrbrücken (Scope of Services)
Wärme- und Stoffbilanz (Heat and Material Balance)
Vorläufiges Einliniendiagramm (Stromlaufplan)
Vorläufiges Rohrleitungs- und
Leistungsbeschreibung der Anlage, zum Beispiel der Durchsatz der Anlage (Scope of Work)
Leistungsbeschreibung des Ingenieurbüros, wie die Erstellung der Druckverlustberechnung oder der statische Nachweis von Rohrbrücken (Scope of Services)
Wärme- und Stoffbilanz (Heat and Material Balance)
Finales Einliniendiagramm (Stromlaufplan)
Finale Rohrleitungs- und

TEMPLATE

Im Anhang befindet sich ein Template (Vorlage) des Escalation-Templates.

Die Projektcheckliste bietet die Möglichkeit, das Projekt durch Standardfragen (wie z.B.: Sind temporäre Demontagen im Projekt notwendig?) auf Vollständigkeit zu überprüfen. Die Fragen basieren auf Projekterfahrungen.

TEMPLATE

Im Anhang befindet sich ein Template (Vorlage) der Projektcheckliste.

Der Projektzyklus beginnt i.d.R. mit der Appraise(FEL-1)-Phase und endet mit der Übergabe an den Betrieb.

In der Appraise-Phase (FEL-1) sind zunächst die aufgelisteten Dokumente seitens des Projektteams zu erstellen, wie Scope of Work, Scope of Services, Level-1-Terminplan, und ein ±50% Cost Estimate (Class 5) usw. Für die Erstellung eines ±50% Cost Estimates können verschiedene Methoden zur Anwendung kommen:

- Factorised Cost Estimate mit der Lang- und Hand-Factor-Methode,
- basierend auf vergleichbaren Projekten und
- MTO-basiert.

Die Anwendbarkeit der Factorised-Cost-Estimate-Methode und der Methode basierend auf einem Vergleichsprojekt wurden in Kapitel 4 (Abschnitte 4.1 und 4.4) beschrieben. Es ist dem Projekt zu überlassen, welche Methode zur Anwendung kommt. Nach erfolgreichem Gate 1 Review wechselt das Projekt in die FEL-2-Phase (Select). Details siehe Abschnitt 3.1.

In der Select-Phase (FEL-2) sind zunächst die aufgelisteten Dokumente seitens des Projektteams zu erstellen, wie Scope of Work, Scope of Services, Level-3-Terminplan, und ein ±30% Cost Estimate (Class 4) usw. Für die Erstellung eines ±30% Cost Estimates wird die Methode MTO-basiert empfohlen. Nach erfolgreichem Gate 2 Review wechselt das Projekt in die FEL-3-Phase (Define). Details siehe Abschnitt 3.2.

In der Define-Phase (FEL-3) sind zunächst die aufgelisteten Dokumente seitens des Projektteams zu erstellen, wie Scope of Work, Scope of Services, Level-3-Terminplan, und ein ±10% Cost Estimate (Class 2) usw. Für die Erstellung eines ±10% Cost Estimates wird die Methode MTO-basiert empfohlen. Nach erfolgreichem FID (***F**inal **I**nvest **D**ecision*) wechselt das Projekt in die Execute-Phase. Details siehe Abschnitt 3.3.

Die Execute-Phase besteht aus dem Detail Engineering, der Procurement-Aktivitäten sowie der Bauphase. Anschließend wird die Anlage für den Betrieb fertiggestellt und an diesen übergeben **(Operate).**

7 Bestimmung der Engineering-Kosten

In diesem Kapitel wird die Abschätzung der Engineering-Kosten (Planungsleistungen) für die entsprechenden Projektphasen beschrieben, getrennt nach verantwortlichem Ingenieurpartner, Kunden, 3rd Party und Construction Management (Bauleitung), siehe Tabelle 7.1.

Tabelle 7.1 *Methoden der Abschätzung der Engineering-Kosten in den entsprechenden Projektphasen*

<table>
<tr><th colspan="2">Projektphase</th><th>Kundenkosten</th><th>Engineering Partner</th></tr>
<tr><td colspan="2">Appraise</td><td rowspan="5">Prozentual / Stunden-schätzung / Ist-Kosten</td><td rowspan="5">Prozentual / Stunden-schätzung / Ist-Kosten</td></tr>
<tr><td colspan="2">Select</td></tr>
<tr><td colspan="2">Define</td></tr>
<tr><td rowspan="2">Execute</td><td>Engineering (Detail- und Behörden-engineering, Beschaffungsunterstützung und As-built)</td></tr>
<tr><td>Construction Management</td></tr>
<tr><td>Operate</td><td></td><td>-</td><td>-</td></tr>
</table>

Die Basis für die Ermittlung der Kosten für das Engineering und Construction-Management sind je nach Projektphase unterschiedlich aufgebaut.

Abschätzung der Engineering-Kosten in der Appraise-Phase:
Für alle Projektphasen basieren die Kosten auf prozentualen Abschätzungen (siehe Tabelle 7.3).

Abschätzung der Engineering-Kosten in der Select-Phase:
Die Kosten für die

- Appraise-Phase basieren auf Ist-Kosten,
- Select-Phase basieren auf Ist-Kosten,
- Define-Phase basieren auf Stundenabschätzungen der Fachabteilungen,
- Execute-Phase basieren auf prozentualen Abschätzungen (siehe Tabelle 7.3).

Abschätzung der Engineering-Kosten in der Define-Phase:
Die Kosten für

- alle Phasen bis Execute basieren auf Ist-Kosten.
- die Execute-Phase basieren auf Stundenschätzungen der Fachabteilungen.

Für die prozentualen Abschätzungen hat der Plausibilitätscheck über Laufzeit und Mannstunden zu erfolgen.

Die Stundenabschätzung sollte u.a. auch die Erstellung der Bestellspezifikationen für die Einkaufsabteilung berücksichtigen. Für die Operate-Phase fallen in der Regel keine Projektkosten an, da mit Abschluss der Execute-Phase die Anlage dem Betrieb zum Anfahren übergeben wird. Diese sind dann Betriebskosten, die im TIC nicht zu berücksichtigen sind.

Neben dem Kunden und Engineering-Partner sind im Projekt u.a. auch diverse andere Engineering-Leistungen erforderlich, z.B. Lärmschutzgutachten. Diese Zusatzleistungen werden unter dem Paket «3rd Party Engineering» zusammengefasst (Tabelle 7.2).

Tabelle 7.2 *3rd Party Engineering*

3rd Party Engineering
Lärmschutzgutachten
Vermessungsgutachten
TÜV-Gutachten
usw.

Weiterhin gilt es im Engineering den entsprechenden Aufwand für das Behördenengineering zu berücksichtigen:

- Erstellung des Genehmigungsantrages,
- Erstellung der in Genehmigungsantrag geforderten Unterlagen und
- Genehmigungskosten.

Der Aufwand für As-built orientiert sich an dem zu bearbeitenden Dokumentumfang. In den frühen Projektphasen (*Appraise und Select*) kann diese Position prozentual abgeschätzt werden. In der Define-Kostenschätzung ist dieser Aufwand mit den Fachabteilungen nach Aufwand abzuschätzen (Tabelle 7.3).

Tabelle 7.3 *Prozentuale Ansätze für die Planungsleistungen*

Projektphase	Prozentualer Anteil des Engineering an Total Base	Kommentar
Appraise	0,5%...2%	Dies sind allgemeine Ansätze, diese müssen immer auf Plausibilität geprüft werden bzw. durch Stundenschätzungen ersetzt werden.
Select	1%...4%	
Define	2%...7%	
Detail	10%...15%	
As-built	0,5%...2%	

Die Gesamtkosten für die Planung belaufen sich auf 10% bis 30% des Total Base Cost, wobei die Verteilung zwischen Select + Define und Detail $^{1}/_{3}$ zu $^{2}/_{3}$ ist [10].

DEFINITION

Changes sind Änderungen zur ursprünglich geplanten Ausführung. Zu berücksichtigen gilt hierbei, dass in vielen Projekten der Fokus ausschließlich auf die direkten Änderungen gelegt wird – zum Beispiel die Änderung des Aufstellungsortes eines neuen Tanks.

Beispiele für direkte Änderungen können sein:

- neuer Tank,
- neues Fundament usw.

Diese direkten Änderungen haben in der Regel indirekte Änderungen zur Folge:

- neue Rohrleitungsführung => neue Rohrlängen und Komplexität,
- Halterung der neuen Rohrleitung,
- vorhandene Rohrbrücke => ausreichende Kapazitäten,
- neue Rohrbrücke notwendig,
- Druckverlustberechnung,
- Beleuchtung,
- MSR-Technik mit neuen Kabelwegen sowie neuen Kabel Trays,
- zusätzliche Baustelleneinrichtungen,
- aus den weiteren Änderungen generierte Engineering-Kosten usw.

GRUNDSATZ

Um die Kosten eines Changes vollständig zu erfassen, sind alle Änderungen zu bepreisen. Dazu müssen alle Gewerke im Projektteam den Change auf Änderungen überprüfen. D.h., ein Change ist immer eine Änderung, die das gesamte Projektteam betrifft.

Weitere Details zu diesem Kapitel sind in [33] und [39] dokumentiert.

8 Bestimmung der Procurement-Kosten

In diesem Kapitel wird die Ermittlung der Equipment- und der Bulk-Materialkosten in Anlehnung an die Literatur [14; 21; 23; 24; 31; 39] beschrieben. Hierbei werden die gängigsten Equipment-Arten (Behälter, Kolonne, Rohrbündelwärmetauscher sowie Pumpen) vorgestellt.

GRUNDSATZ

Zu beachten gilt, dass in den Abschätzungen der Einfluss von:

- Menge,
- Kundenrabatt,
- Preisschwankungen im Markt (Käufermarkt versus Angebotsmarkt) und
- Auslastung der Lieferanten

nicht berücksichtigt sind.

Die abgeschätzten Kosten für Equipment- und Bulk-Material liefern für den Leser eine erste Idee sowie eine Orientierungsgröße.

Abschätzungen von weiteren Equipment-Arten und Bulk-Material sind u.a. in [14] zusammengefasst.

8.1 Bestimmung der Equipment-Kosten

8.1.1 Six Tenths Factor

Der Six Tenths Factor ist eine weit verbreitete Methode (geeignet für ±50% und ±30% Cost Estimates sowie zum Überprüfen von Angeboten), um die Equipment-Kosten abzuschätzen:

$$\textit{Neue Equipmentkosten} = \textit{Kosten vergleichbares Equipment} \cdot \left(\frac{\textit{Kapazität neues Equipment}}{\textit{Kapazität vergleichbares Eqipment}}\right)^{0,6}$$

Bedingungen für diese Methode sind zum einen, dass zuverlässige Kosten für ein vergleichbares Equipment vorliegen und dass die Kapazitäten (Volumen, Gewicht usw.) für beide Equipments bekannt sind. Der Standardfaktor beträgt 0,6. Es gibt aber abhängig vom Equipment eine Spannweite, so wie sie in der Literatur beschrieben wird [10; 56].

BEISPIEL

a) Gesuchtes Equipment: Zentrifugalpumpe mit 50 kW in CS
   Vorhandenes Equipment: Zentrifugalpumpe mit 20 kW in CS, Kosten = 10 000 €

b) Kosten gesuchtes Equipment: 10 000 € · (50/20) $^{0{,}67}$ = 18 476 € => ca. 18 500 €

Der Exponent («Größenfaktor») 0,67 ist der Literatur [9; 56] entnommen.

8.1.2 Behälterkosten über das Gewicht in Abhängigkeit des Materials abschätzen

Eine schnelle und einfache Methode (geeignet für ±50% und ±30% Cost Estimates sowie zum Überprüfen von Angeboten), um die Kosten für einen Behälter abzuschätzen, ist es, das Leergewicht des Behälters mit einem vom Gesamtleergewicht und Material abhängigen Einheitspreis zu multiplizieren.

Eine gute Referenz für die Einheitspreise ist das «Price Booklet, Edition 31» [14], herausgegeben von DACE (***D**utch **A**ssociation **C**ost **E**stimate*).

Tabelle 8.1 *Behälterkosten* (nach [14])

Gewicht	Kosten pro kg	Kosten Behälter in CS-Material	Gewicht	Kosten pro kg	Kosten Behälter in SS-304-Material
[kg]	[€/kg]	[t€]	[kg]	[€/kg]	[t€]
255	47,06	12	255	66,67	17
405	32,10	13	405	44,44	18
615	22,76	14	615	32,52	20
745	18,79	14			
940	17,02	16			
1.130	15,04	17			
670	29,85	20	670	38,81	26
1.045	22,97	24	1.045	30,62	32
1.575	17,78	28	1.575	24,76	39
1.915	16,19	31			
2.405	13,72	33			
2.910	12,03	35			
1.010	23,76	24	1.010	31,68	32
1.570	16,56	26	1.570	22,29	35
2.370	12,24	29	2.370	17,72	42
2.900	10,69	31			
3.700	8,92	33			
4.485	8,25	37			
1.515	20,46	31	1.515	28,38	43
2.365	14,80	35	2.365	20,72	49
3.630	10,74	39	3.630	16,25	59
4.465	9,41	42			
5.685	7,92	45			
6.930	6,93	48			
2.235	16,55	37	2.235	23,71	53
3.550	11,83	42	3.550	17,75	63
5.475	8,95	49	5.475	14,61	80
6.755	7,85	53			

Tabelle 8.1 *Behälterkosten* (nach [14]) – *Fortsetzung*

Gewicht	Kosten pro kg	Kosten Behälter in CS-Material	Gewicht	Kosten pro kg	Kosten Behälter in SS-304-Material
[kg]	[€/kg]	[t€]	[kg]	[€/kg]	[t€]
8.660	6,81	59			
10.510	6,09	64			
4.725	10,58	50	4.725	16,51	78
7.335	8,32	61	7.335	13,77	101
9.045	7,52	68	9.045	12,71	115
11.570	6,66	77			
14.255	5,96	85			
9.215	7,70	71	9.215	12,91	119
11.345	7,05	80	11.345	12,34	140
14.765	6,23	92			
18.195	5,61	102			
10.985	8,19	90	10.985	13,47	148
13.720	7,43	102	13.720	12,68	174
17.855	6,44	115	17.855	11,48	205
22.000	5,77	127			

Hinweis: CS ist Kohlenstoffstahl, SS 304 ist Edelstahl.

Aus Tabelle 8.1 ist die in Bild 8.1 dargestellte Grafik hergeleitet.

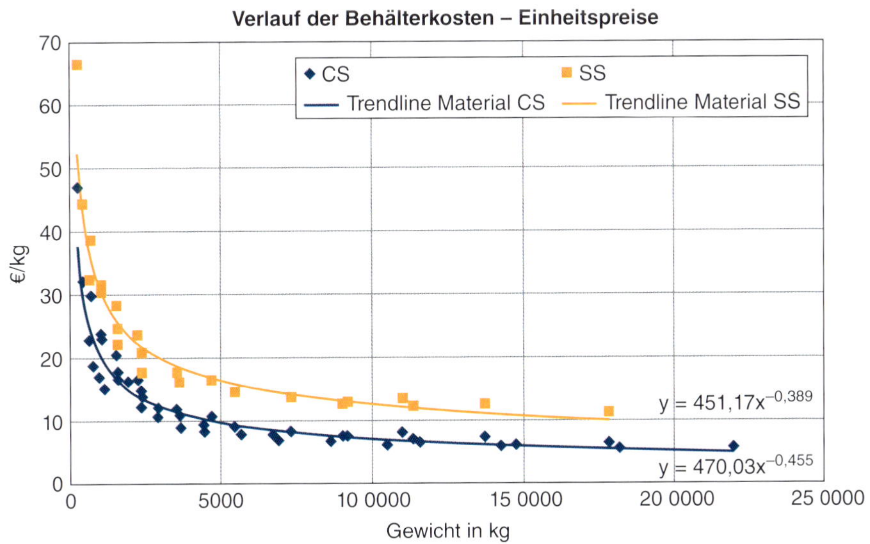

Hinweis: CS ist Kohlenstoffstahl, SS 304 ist Edelstahl.

Bild 8.1 *Kostenverlauf für Behälterkosten in Abhängigkeit des Gewichtes*

Die Grafik zeigt den Verlauf des Einheitspreises für CS-Material und SS-Material in Abhängigkeit des Gesamtleergewichtes des Behälters. Die im «DACE Price Booklet, Edition 31» [14] vorliegenden Daten umfassen ein Gesamtleergewicht bis zu ca. 22 t. Um die Kosten sowohl für schwerere Behälter als auch für leichtere Behälter zu berechnen, deren Gewicht zwischen den in der Tabelle aufgeführten Werten liegt, wird jeweils eine Ausgleichskurve ermittelt.

Ausgleichskurve CS:

Einheitspreis pro kg $= 470{,}03$ € $\cdot$ (Gewicht des Behälters in kg)$^{-0{,}45}$

Ausgleichskurve SS:

Einheitspreis pro kg $= 451{,}17$ € $\cdot$ (Gewicht des Behälters in kg)$^{-0{,}38}$

Das Leergewicht des Behälters wird in kg eingesetzt und das Ergebnis wird in €/kg ausgegeben. Dieses Ergebnis wird anschließend mit dem Leergewicht des Behälters multipliziert, um die Kosten zu erhalten. Zu dem Gewicht gehören alle Stutzen und Standfüße. Einbauten müssen separat betrachtet werden.

GRUNDSATZ

Wichtig zu beachten ist, dass bei zunehmendem Gewicht der Einheitspreis sich reduziert und gegen null läuft. Es gibt jedoch einen **«Mindestpreis»**, der in der Regel **nicht unterschritten werden darf**. Bei CS liegt dieser bei ca. 5 €/kg und für SS (1.4301) bei ca. 10 €/kg. Für SS (1.4571) ist gegenüber dem SS (1.4301) ein Zuschlag von 20% anzusetzen.

Der Behälterpreis enthält folgende Positionen:

- Standfüße,
- ZfPs,
- TÜV-Abnahme,
- Anstrich außen (wenn anwendbar),
- Verstärkungsringe (wenn anwendbar),
- Stutzen und
- Mannlöcher.

Folgende Punkte müssen separat bewertet werden:

- Wärmebehandlungen,
- Einbauten,
- Transport und
- Innenbeschichtungen.

BEISPIEL

a) Gesucht sind die Kosten für einen CS-Behälter mit folgenden Angaben:
   Material: CS
   Leergewicht (inkl. Standfüße, Stutzen und Mannlöcher): 3000 kg

b) Dies wird in die nachfolgende Formel eingesetzt:
  b1) Ermittlung der spezifischen Kosten in €/kg:

$$Einheitspreis\ pro\ kg = 470{,}03\ € \cdot (Gewicht\ des\ Behälters\ in\ kg)^{-0{,}45}$$

$$12{,}3\left[\frac{€}{kg}\right] = 470{,}03\ € \cdot (3000\ [kg])^{-0{,}45}$$

  b2) Überprüfung, ob die spezifischen Kosten über dem Mindestwert von 5 €/kg liegen:
  12,3 €/kg > 5 €/kg
  b3) Ermittlung der Gesamtkosten in €:
  Der Behälter kostet ohne Transport: (3000 kg · 12,3 €/kg) = 36 900 €
  ca. 37 000 €

8.1.3 Wärmetauscherkosten über die Wärmeübertragungsfläche in Abhängigkeit des Materials abschätzen

Eine schnelle und einfache Methode (geeignet für ±50% und ±30% Cost Estimates sowie zum Überprüfen von Angeboten), um die Kosten für einen Rohrbündelwärmetauscher abzuschätzen, ist es, die Wärmeübertragungsfläche des Wärmetauschers mit einem von der Gesamtoberfläche und Material abhängigen Einheitspreis zu multiplizieren.

Eine gute Referenz für die Einheitspreise ist das «Price Booklet, Edition 31» [14].

Tabelle 8.2 *Aufstellung der Wärmetauscherkosten* (nach [14])

Wärmeübertragungsfläche	Wärmetauscherkosten in CS-Material	Kosten je m^2 für CS	Wärmetauscherkosten in SS-Material 304	Kosten je m^2 für SS-Material 304	Wärmetauscherkosten in SS- Material 316l	Kosten je m^2 für SS-Material 304
[m^2]	[€]	[€/m^2]	[€]	[€/m^2]	[€]	[€/m^2]
2	8.000	4.000	16.000	8.000	18.000	9.000
4	12.000	3.000	20.000	5.000	22.000	5.500
6	13.000	2.167	23.000	3.833	25.000	4.167
8	14.000	1.750	24.000	3.000	26.000	3.250
10	15.000	1.500	24.000	2.400	26.000	2.600
15	19.000	1.267	27.000	1.800	30.000	2.000
20	20.000	1.000	30.000	1.500	32.000	1.600
30	25.000	833	37.000	1.233	39.000	1.300
40	27.000	675	41.000	1.025	45.000	1.125
50	30.000	600	47.000	940	51.000	1.020
70	35.000	500	50.000	714	59.000	843
100	42.000	420	61.000	610	70.000	700
200	61.000	305	94.000	470	108.000	540
300	78.000	260	128.000	427	141.000	470

Tabelle 8.2 Aufstellung der Wärmetauscherkosten (nach [14]) – *Fortsetzung*

Wärmeübertragungsfläche	Wärmetauscherkosten in CS-Material	Kosten je m^2 für CS	Wärmetauscherkosten in SS-Material 304	Kosten je m^2 für SS-Material 304	Wärmetauscherkosten in SS-Material 316l	Kosten je m^2 für SS-Material 304
[m^2]	[€]	[€/m^2]	[€]	[€/m^2]	[€]	[€/m^2]
500	101.000	202	180.000	360	201.000	402
700	122.000	174	230.000	329	256.000	366
1.000	152.000	152	299.000	299	329.000	329

Hinweis: CS ist Kohlenstoffstahl, SS 304 und SS 316L sind Edelstähle.

Aus Tabelle 8.2 ist Bild 8.2 abgeleitet. Es zeigt den Verlauf des Einheitspreises für CS-Material und SS-Materialien in Abhängigkeit der Wärmeübertragungsfläche des Rohrbündelwärmetauschers. Die in [14] vorliegenden Daten enthalten eine Gesamtübertragungsfläche von bis zu ca. 1000 m^2. Um die Kosten sowohl für größere Flächen als auch für kleinere Flächen zu berechnen, deren Quadratmetergröße zwischen den in der Tabelle aufgeführten Werten liegt, wird jeweils eine Ausgleichskurve ermittelt.

Ausgleichskurve Rohrbündelwärmetauscher CS:

Einheitspreis pro m^2 = 5348,3 € · (Wärmeübertragungsfläche in m^2)$^{-0,53}$

Ausgleichskurve Rohrbündelwärmetauscher SS 304:

Einheitspreis pro m^2 = 8550,7 € · (Wärmeübertragungsfläche in m^2)$^{-0,52}$

Ausgleichskurve Rohrbündelwärmetauscher SS 316L:

Einheitspreis pro m^2 = 9304,3 € · (Wärmeübertragungsfläche in m^2)$^{-0,52}$

Die Wärmeübertragungsfläche des Wärmetauschers wird in m^2 eingesetzt. Das Ergebnis wird in €/m^2 ausgegeben. Dieses Ergebnis wird anschließend mit der Wärmeübertragungsfläche multipliziert, um die Kosten zu erhalten.

GRUNDSATZ

Wichtig zu beachten ist, dass sich bei zunehmender Wärmeübertragungsfläche der Einheitspreis reduziert und gegen null läuft. Es gibt jedoch einen **«Mindestpreis»**, der in der Regel **nicht unterschritten** wird. Bei CS liegt dieser bei ca. 140 €/m^2, bei SS (304) bei ca. 230 €/m^2 und bei SS (316L) bei ca. 250 €/m^2. Außerdem darf der Druck 20 bar im Mantel nicht überschreiten, da dies zu einer deutlichen Zunahme der Wandstärke führt und somit zum Gewichtsanstieg sowie zu Mehrkosten.

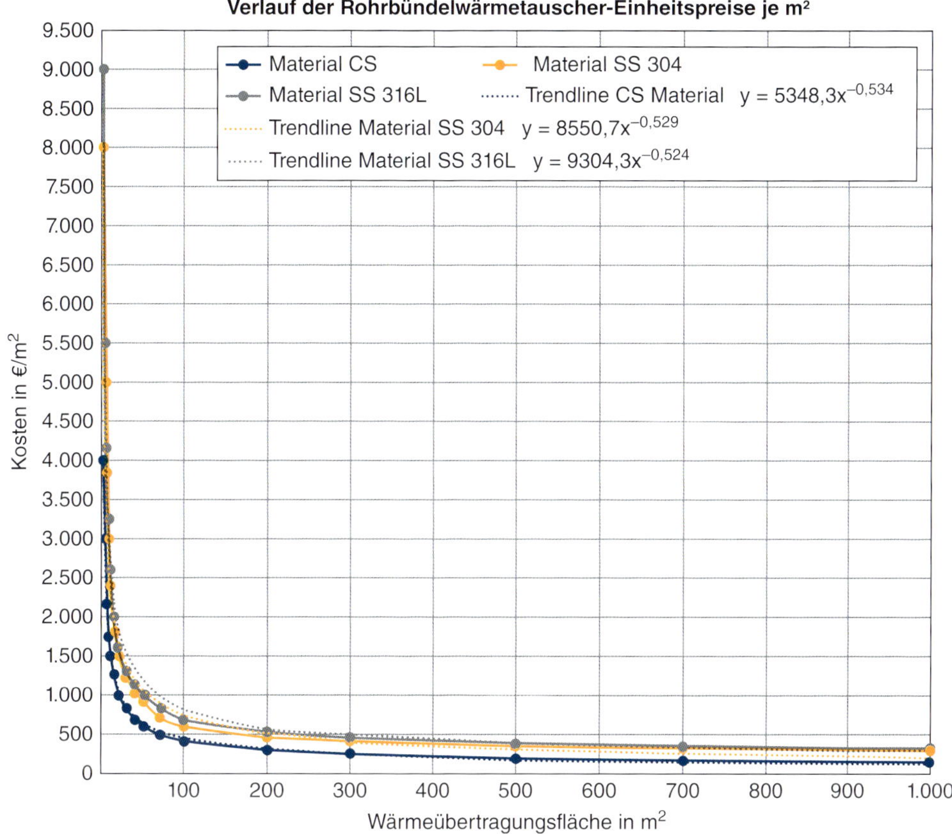

Hinweis: CS ist Kohlenstoffstahl, SS 304 und SS 316L sind Edelstähle.

Bild 8.2 *Kostenverlauf für S&T(Shell und Tube)-Wärmetauscher in Abhängigkeit der Warmeübertragungsfläche*

Aufgrund der Komplexität sind für die Kostenermittlung von U-Rohr-Bündelwärmetauschern die abgeschätzten Kosten zwischen 10% und 15% zu erhöhen.

Der Wärmetauscherpreis enthält folgende Positionen:

- Standfüße,
- ZfPs,
- TÜV-Abnahme und
- Anstrich außen (wenn anwendbar).

Folgende Punkte müssen separat bewertet werden:

- Wärmebehandlungen,
- spezielle Header (Vorkammer sowie Endhaube) und
- Transport.

BEISPIEL

a) Gesucht sind die Kosten für einen CS-U-Rohr-Bündelwärmetauscher mit folgenden Angaben:
Material: CS
Wärmeübertragungsfläche: 75 m^2

b) Dies wird in die untenstehende Formel eingesetzt:

b1) Ermittlung der spezifischen Kosten in €/kg:
Einheitspreis pro $m^2 = 5348{,}3\ € \cdot (\text{Wärmeübertragungsfläche in } m^2)^{-0{,}53}$

$$533\ €/m^2 > 5348{,}3\ € \times (75\ m^2)^{-0{,}53}$$

b2) Überprüfung, ob die spezifischen Kosten über dem Mindestwert von 140 €/m^2 liegen:
$533\ €/m^2 > 140\ €/m^2$

b3) Ermittlung der Gesamtkosten in €:
Die 533 [€/m^2] werden nun mit 75 [m^2] multipliziert => 39 975 €
Dieser Wert wird jetzt um 15% erhöht (wegen U-Rohr-Zuschlag) => 45 971 €
Der Wärmetauscher kostet ohne Transportkosten ca. 46 000 €.

8.1.4 Kolonnenkosten über das Gewicht in Abhängigkeit des Materials abschätzen

Eine schnelle und einfache Methode (geeignet für ±50% und ±30% Cost Estimates sowie zum Überprüfen von Angeboten), um die Kosten für eine Kolonne abzuschätzen, ist es, das Leergewicht der Kolonne mit einem vom Gesamtleergewicht und Material abhängigen Einheitspreis zu multiplizieren.

Eine gute Referenz für die Einheitspreise ist [14].

Tabelle 8.3 *Kolonnenkosten* (nach [14])

Gewicht	Kosten für CS	Kosten für SS 304	Kosten für SS 316L	Kosten für CS EP	Kosten für SS 304 EP	Kosten für SS 316L EP
[kg]	[t€]	[t€]	[t€]	€/kg	€/kg	€/kg
1.100	16	87,0	115	14,55	79,09	104,55
2.500	29	145,0	180	11,60	58,00	72,00
4.200	44	195,0	237	10,48	46,43	56,43
5.700	55	224,0	282	9,65	39,30	49,47
7.600	68	266,0	331	8,95	35,00	43,55
10.200	85	369,0	406	8,33	36,18	39,80
2.300	27	147,0	173	11,74	63,91	75,22
4.600	46	215,0	252	10,00	46,74	54,78
7.200	66	286,0	320	9,17	39,72	44,44
9.600	82	322,0	373	8,54	33,54	38,85
12.400	100	380,0	427	8,06	30,65	34,44
15.900	121	427,0	490	7,61	26,86	30,82

Tabelle 8.3 *Kolonnenkosten* (nach [14]) – *Fortsetzung*

Gewicht	Kosten für CS	Kosten für SS 304	Kosten für SS 316L	Kosten für CS EP	Kosten für SS 304 EP	Kosten für SS 316L EP
[kg]	[t€]	[t€]	[t€]	€/kg	€/kg	€/kg
19.200	140	452,0	543	7,29	23,54	28,28
22.900	160	490,0	597	6,99	21,40	26,07
3.800	40	210,0	240	10,53	55,26	63,16
7.200	66	307,0	348	9,17	42,64	48,33
10.900	90	353,0	399	8,26	32,39	36,61
14.400	112	383,0	464	7,78	26,60	32,22
18.400	135	438,0	532	7,34	23,80	28,91
23.100	161	493,0	600	6,97	21,34	25,97
27.800	185	542,0	664	6,65	19,50	23,88
32.700	210	586,0	726	6,42	17,92	22,20
10.500	87	348,0	392	8,29	33,14	37,33
15.600	119	407,0	484	7,63	26,09	31,03
20.600	147	487,0	565	7,14	23,64	27,43
25.900	176	534,0	644	6,80	20,62	24,86
32.000	207	573,0	719	6,47	17,91	22,47
38.300	238	636,0	790	6,21	16,61	20,63
44.700	267	675,0	860	5,97	15,10	19,24
14.300	111	395,0	464	7,76	27,62	32,45
21.300	151	472,0	576	7,09	22,16	27,04
28.000	186	528,0	667	6,64	18,86	23,82
34.700	220	578,0	749	6,34	16,66	21,59
42.700	258	665,0	829	6,04	15,57	19,41
50.600	294	752,0	920	5,81	14,86	18,18
59.000	331	832,0	1000	5,61	14,10	16,95
18.900	138	518,0	587	7,30	27,41	31,06
27.900	186	541,0	667	6,67	19,39	23,91
36.400	228	622,0	770	6,26	17,09	21,15
45.200	269	707,0	865	5,95	15,64	19,14
54.900	313	797,0	961	5,70	14,52	17,50
65.100	357	881,0	1055	5,48	13,53	16,21
75.700	401	959,0	1145	5,30	12,67	15,13
35.300	223	604,0	755	6,32	17,11	21,39
45.900	272	704,0	872	5,93	15,34	19,00
57.200	323	804,0	983	5,65	14,06	17,19
69.100	374	914,0	1085	5,41	13,23	15,70
81.700	425	1020,0	1190	5,20	12,48	14,57
94.600	476	1125,0	1290	5,03	11,89	13,64

Tabelle 8.3 *Kolonnenkosten* (nach [14]) – *Fortsetzung*

Gewicht	Kosten für CS	Kosten für SS 304	Kosten für SS 316L	Kosten für CS EP	Kosten für SS 304 EP	Kosten für SS 316L EP
[kg]	[t€]	[t€]	[t€]	€/kg	€/kg	€/kg
40.300	246	672,0	813	6,10	16,67	20,17
52.200	301	780,0	935	5,77	14,94	17,91
64.700	355	889,0	1050	5,49	13,74	16,23
77.600	408	994,0	1160	5,26	12,81	14,95
91.500	464	1110,0	1265	5,07	12,13	13,83
105.700	518	1240,0	1410	4,90	11,73	13,34

Hinweis: CS ist Kohlenstoffstahl, SS 304 und SS 316L sind Edelstähle.

Aus Tabelle 8.3 ist Bild 8.3 hergeleitet.

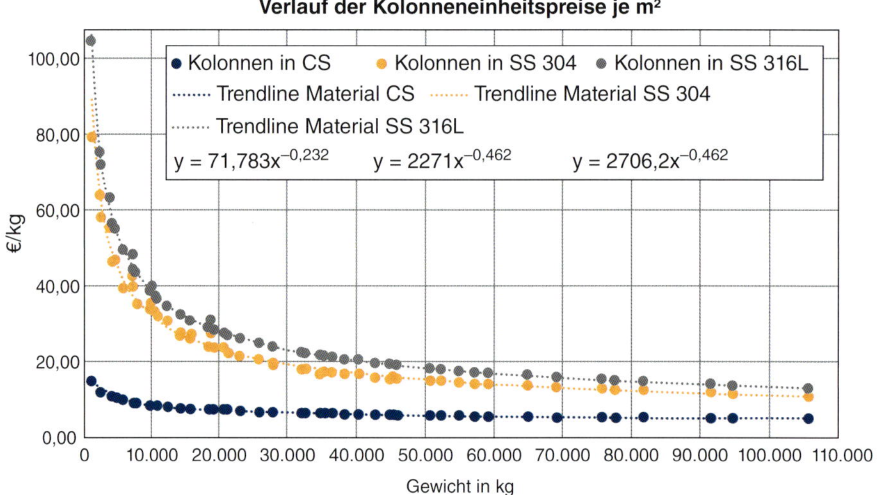

Hinweis: CS ist Kohlenstoffstahl, SS 304 und SS 316L sind Edelstähle.

Bild 8.3 *Kostenverlauf für Kolonnen in Abhängigkeit des Gewichtes*

Bild 8.3 zeigt den Verlauf des Einheitspreises für CS-Material und SS-Materialien in Abhängigkeit des Gesamtleergewichtes der Kolonnen. Die in [14] vorliegenden Daten enthalten ein Gesamtleergewicht bis zu ca. 105 t. Um die Kosten sowohl für schwerere Kolonnen als auch für leichtere Kolonnen zu berechnen, deren Gewicht zwischen den in Tabelle 8.3 aufgeführten Werten liegt, wird jeweils eine Ausgleichskurve ermittelt.

Ausgleichskurve CS:

Einheitspreis pro kg = 71,783 € · (Gewicht der Kolonne in kg)$^{-0,23}$

Ausgleichskurve SS 304:

Einheitspreis pro kg = 2271 € · (Gewicht der Kolonne in kg)$^{-0{,}46}$

Ausgleichskurve SS 316L:

Einheitspreis pro kg = 2706,2 € · (Gewicht der Kolonne in kg)$^{-0{,}46}$

Das Leergewicht der Kolonne wird in kg eingesetzt und das Ergebnis wird in €/kg ausgegeben. Dieses Ergebnis wird anschließend mit dem Leergewicht der Kolonne multipliziert, um die Kosten zu erhalten. Zu dem Leergewicht gehören alle Stutzen und Standfüße. Einbauten, Leitern und Bühnen müssen separat betrachtet werden.

GRUNDSATZ

Wichtig zu beachten ist, dass sich bei zunehmendem Gewicht der Einheitspreis reduziert und gegen null läuft. Es gibt jedoch einen **«Mindestpreis»**, der in der Regel **nicht unterschritten** wird. Bei CS liegt dieser bei ca. 5 €/kg, bei SS (304) bei ca. 11 €/kg und bei SS (316L) bei ca. 13 €/kg.

Der Kolonnenpreis enthält folgende Positionen:

- Standfüße,
- ZfPs,
- TÜV-Abnahme,
- Anstrich außen (wenn anwendbar),
- Stutzen und
- Mannlöcher.

Folgende Punkte müssen separat bewertet werden:

- Wärmebehandlungen,
- Einbauten (Internals),
- Füllungen,
- Transport,
- Plattformen und
- Leitern.

Die Kostenermittlung der Einbauten kann nach Tabelle 8.4 erfolgen.

Tabelle 8.4 *Aufstellung der Kolonneneinbaukosten* (nach [14])

Durchmesser in m	AISI 410 S	AISI 316
1	900 €/m^2	650 €/m^2
2	830 €/m^2	600 €/m^2
3	800 €/m^2	500 €/m^2
4	750 €/m^2	470 €/m^2

Für Anbauelemente lassen sich folgende Ansätze heranziehen:

a) Plattformen können mit 1000 €/m^2 kalkuliert werden inkl. Gitterroste und Geländer.
b) Clipse für Bühnen und Leitern können mit 20 €/kg kalkuliert werden.
c) Leitern inkl. Rückenschutz können mit ca. 350 €/m kalkuliert werden.

BEISPIEL

a) Gesucht sind die Kosten für eine CS-Kolonne mit folgenden Angaben:
Material: CS
Leergewicht (inkl. Standfüße, Stutzen und Mannlöcher, aber ohne Bühnen und Leitern): 30 000 kg
b) Dies wird in die untenstehende Formel eingesetzt:
b1) Ermittlung der spezifischen Kosten in €/kg:
Einheitspreis pro kg = 71,783 € · (Gewicht der Kolonne in kg)$^{-0,23}$
6,57 [€/kg] = 71,783 € · (30 000 [kg])$^{-0,232}$
b2) Überprüfung, ob die spezifischen Kosten über dem Mindestwert von 5 €/kg liegen:
6,57 [€/kg] > 5 €/kg
b3) Ermittlung der Gesamtkosten in €:
Die 6,57 [€/kg] werden nun mit 30 000 [kg] multipliziert => 197 100 €
Die Kolonne kostet ohne Transportkosten ca. 200 000 €

8.1.5 Pumpenkosten über die Motorleistung in Abhängigkeit des Materials abschätzen

Eine schnelle und einfache Methode (geeignet für ±50% und ±30% Cost Estimates sowie zum Überprüfen von Angeboten) ist es, die Kosten für die Pumpen über die Motorleistung zu berechnen. Dabei ist zu beachten, dass es sich nur um die direkten Pumpenkosten handelt: ohne Sperrsystem, ohne Nachspeiseeinheit und ohne E-Motor. Außerdem ist diese Aufstellung nur für den Pumpentyp mit folgenden Eigenschaften geeignet:

- Zentrifugalpumpen,
- Chemie-Normpumpe und
- horizontale Aufstellung.

Tabelle 8.5 *Aufstellung der Pumpenkosten nach Material und Leistung* (nach [14])

Power [kW]	Cast iron [€]	Cast steel [€]	Stainless steel 316 [€]	Cast iron [€/kW]	Cast steel [€/kW]	Stainless steel 316 [€/kW]
3	3400	4.500	5.400	1.133	1.500	1.800
4	3.600	4.800	5.700	900	1.200	1.425
8	4.100	5.600	6.700	547	747	893
11	4.500	6.200	7.400	409	564	673
15	5.200	7.200	8.900	347	480	593
19	5.300	7.200	9.000	286	389	486
22	5.800	7.800	9.700	264	355	441

Tabelle 8.5 *Aufstellung der Pumpenkosten nach Material und Leistung* (nach [14]) – *Fortsetzung*

Power [kW]	Cast iron [€]	Cast steel [€]	Stainless steel 316 [€]	Cast iron [€/kW]	Cast steel [€/kW]	Stainless steel 316 [€/kW]
30	5.900	7.900	9.800	197	263	327
37	5.900	7.900	9.900	159	214	268
55	7.000	9.500	12.100	127	173	220
90	7.900	10.500	13.500	88	117	150

Aus Tabelle 8.5 ist Bild 8.4 abgeleitet. Die Grafik zeigt den Verlauf des Preises für Grauguss-, Stahlguss- und Edelstahlgehäuse in Abhängigkeit der E-Motorleistung. Die in [14] vorliegenden Daten enthalten eine Leistung bis zu ca. 90 kW. Um die Kosten sowohl für leistungsschwächere als auch für leistungsstärkere Pumpen zu berechnen, wird jeweils eine Ausgleichskurve ermittelt.

Ausgleichskurve Grauguss:

$$Pumpenkosten = \frac{2552\ €}{\text{kW}} \cdot (E\text{-}Motorleistung)^{0{,}249}$$

Ausgleichskurve Stahlguss:

$$Pumpenkosten = \frac{3445{,}9\ €}{\text{kW}} \cdot (E\text{-}Motorleistung)^{0{,}2489}$$

Ausgleichskurve Edelstahlgehäuse:

$$Pumpenkosten = \frac{3967{,}6\ €}{\text{kW}} \cdot (E\text{-}Motorleistung)^{0{,}2729}$$

Die E-Motorleistung wird in die entsprechende Formel eingesetzt, um die direkten Pumpenkosten zu berechnen. Jedoch zeigt die Erfahrung, dass die direkten Pumpenpreise aus dem DACE Price Booklet zu niedrig sind, daher sollte ein korrekter Faktor von ca. 3 auf die abgeschätzten Kosten berücksichtigt werden.

Der Pumpenpreis enthält folgende Positionen:

- Grundplatte und
- Kupplung.

Folgende Punkte sind separat zu bewerten:

- E-Motor,
- Zuschlag für einfach wirkende Gleitringdichtung,
- Zuschlag für doppelt wirkende Gleitringdichtung,
- Sperrsystem und
- Nachspeiseeinheit.

Für das Sperrsystem sind pro Pumpe ca. 15 000 € bis 20 000 € anzusetzen und für die Nachspeiseeinheit ca. 30 000 € bis 40 000 €, abhängig von der Anzahl der angeschlossenen Pumpen.

Der Zuschlag für einfach wirkende Gleitringdichtung sind ca. 20% und für doppelt wirkende Gleitringdichtung ca. 50% der abgeschätzten Pumpenkosten.

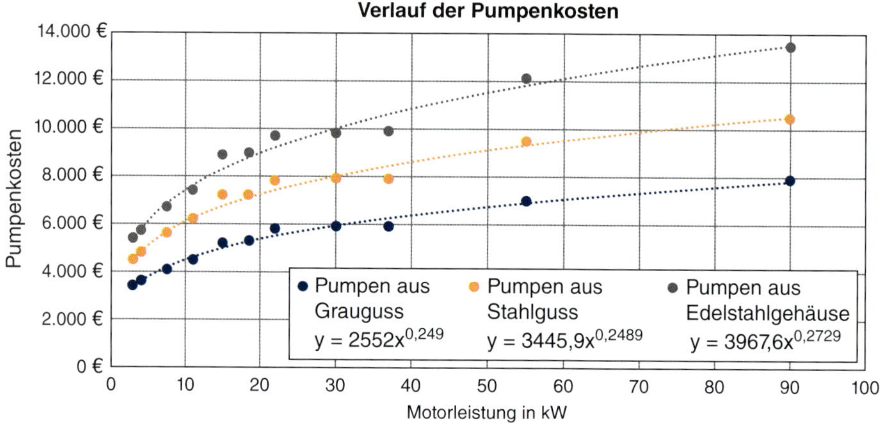

Bild 8.4 *Kostenverlauf für Pumpen in Abhängigkeit der E-Motorleistung*

Die Kosten für den E-Motor sind leistungsabhängig. Tabelle 8.6 zeigt die Kosten für die E-Motoren im Niederspannungsbereich von 230 bis 690 V, Bauart EEx d gemäß [14].

Tabelle 8.6 *E-Motorenkosten, nach Leistung sortiert* (nach [14])

kW	Preis
0,37	500C
0,55	585 €
0,75	660 €
14	715 €
1,5	835 €
2,2	900 €
3	990 €
4	1.210 €
5,5	1.470 €
7,5	1.920 €
11	2.300 €
15	2.875 €
18,5	3.455 €
22	4.090 €
30	5.320 €
37	6.260C
45	7.225 €
55	9.710 €
75	12.500 €
90	15.250 €
110	18.930 €
132	22.640 €

Aus Tabelle 8.6 ist Bild 8.5 abgeleitet.

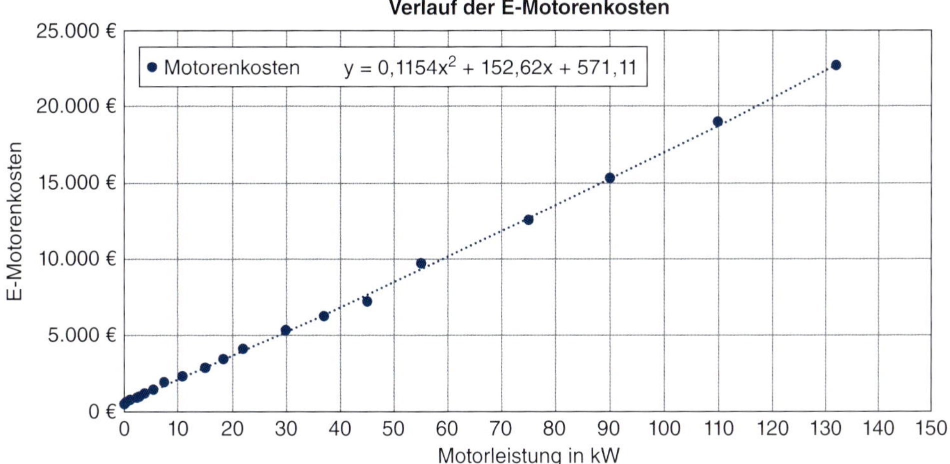

Bild 8.5 *Kostenverlauf für Motoren in Abhängigkeit der E-Leistung*

Die Grafik zeigt den Verlauf des Preises für E-Motoren in Abhängigkeit der E-Motorleistung. Die in [14] vorliegenden Daten umfassen eine Leistung bis zu ca.132 kW. Um die Kosten sowohl für leistungsschwächere als auch für leistungsstärkere Motoren zu berechnen, wird jeweils eine Ausgleichskurve ermittelt Es muss jedoch beachtet werden, dass die Kosten für Mittelspannungsmotoren, ab ca. 160 kW einen deutlichen Preisanstieg erfahren; damit sind dieser Abschätzungsmethode Grenzen gesetzt.

Ausgleichskurve Niederspannungsmotor, Ausführung EEx d:

$$Motorenkosten = \frac{0{,}1154€}{kW^2} \cdot (E\text{-}Motorleistung)^2 + \frac{152{,}62€}{kW} \cdot (E\text{-}Motorleistung) + 571{,}11€$$

BEISPIEL

a) Gesucht wird:
   - Chemie-Normpumpe,
   - horizontaler Einbau,
   - mit doppelt wirkender Gleitringdichtung,
   - aus Edelstahl 316L,
   - Motorleistung 50 kW und
   - ohne Nachspeisesystem.

b) Berechnung:
   b1) Ausgleichskurve Edelstahlgehäuse:

$$Pumpenkosten = \frac{3.967{,}6€}{kW} \cdot (E\text{-}Motorleistung)^{0{,}2729}$$

Pumpenkosten: 3967,6 €/kW · 50 kW ^{0,2729} = 11 540 €

b2) Dieser Wert muss jetzt mit dem Korrekturfaktor von 3 multipliziert werden, um den Pumpenpreis zu erhalten:

11 540 € · 3 = 34 620 €

b3) Bepreisung der zusätzlichen Positionen:

- doppelt wirkende Gleitringdichtung + 50%
  34 620 € · 1,5 = 51 930 €
- E-Motor

$$Motorenkosten = \frac{0{,}1154\,€}{kW^2} \cdot (E\text{-}Motorleistung)^2 + \frac{152{,}62\,€}{kW} \cdot (E\text{-}Motorleistung) + 571{,}11\,€$$

$$\text{Motorenkosten} = 0{,}1154 \frac{€}{kW^2} \cdot (50\,kW)^2 + 152{,}62 \frac{€}{kW} \cdot (50\,kW) + 571{,}11\,€ = 8500\,€$$

b4) Damit betragen die Pumpengesamtkosten 51 930 € + 8500 € = 60 430 € ca. 60 000 €.

8.2 Bestimmung der Bulk-Materialkosten

8.2.1 Rohrleitungsmaterial

Die Materialkosten für Rohre, Fittinge und Flansche sowie Ventile lassen sich grob über das Gewicht multipliziert mit einem Einheitspreis abschätzen, siehe Tabelle 8.7. Dies ist geeignet für ±50% und ±30% Cost Estimates sowie zum Überprüfen von Angeboten bzw. bei ±10%-Projekten zur Kostenermittlung, bei denen sich der Piping-Materialanteil an den Total-Base-Kosten unter 10% befindet.

Tabelle 8.7 *Aufstellung der Materialkosten pro kg für den Rohrleitungsbau*

Typ	CS [€/kg]	SS [€/kg]	Duplex [€/kg]	High Alloy [€/kg]	Hastelloy (2.4610) [€/kg]
Rohr	1,5	7,5	15	15	100
Fittinge	5	20	50	30	75
Flansche	3	10	25	15	150
Ventile bis DN 25	30	60		100	350
Ventile von DN25…40	20	40		70	
Ventile von DN50…100	15	30	50	50	
Ventile von DN150…200	12	25		40	
Ventile von DN250…500	10	20		30	
Ventile größer DN500	8	15		25 (nur Medium-berührte Bereiche in High Alloy)	

8.2.2 E-Technikmaterial

Die Darstellung von E-Technikmaterialpreisen ist zu unternehmensspezifisch, da diese sehr signifikant vom Kupferpreis und der jeweiligen Vertragsstruktur abhängig sind. Daher wird hier auf unternehmensspezifische Angebote sowie Erfahrungen und Datenbanken verwiesen. Als grobe Orientierung können u.a. die Literaturstellen [31; 14; 40] dienen.

8.2.3 Instrumentierungsmaterial (MSR-Material)

Tabelle 8.8 dokumentiert für klassische Instrumentierungsmaterialien Literaturpreise. Für ±50% und ±30% Cost Estimates sind diese Materialpreise hinreichend, jedoch für ±10% Cost Estimates sind unternehmens- als auch messtypspezifische Preise erforderlich. Große Abnehmer haben in der Regel bei Messinstrumenten sehr große Rabatte von 30% bis 50% gegenüber dem Listenpreis.

Tabelle 8.8 *MSR-Materialkostenauszug*

Bezeichnung	EP [€/Einheit]
Temperaturmessung mit Transmitter (Materialpreis)	
PT100; E&H TR88 in CS	750 €/Stück
PT100; E&H TR88 in 1.4571 (SS)	1000 €/Stück
PT100; E&H TR88 in 1.4462 (Duplex)	2000 €/Stück
PT100; E&H TR88 in Hastelloy	3000 €/Stück
Druckmanometer (Materialpreis)	
Wika NG100	100 €/Stück
Monoflansch Ventilblock mit Faltenbalk (DN25 /PN40) in 1.4571	300 €/Stück
Monoflansch Ventilblock mit Faltenbalk (DN25 /PN40) in 1.4462 (Duplex)	400 €/Stück
Druckmessungen (Materialpreis)	
Druckmessumformer	1500 €/Stück
Durchflussmessungen Vortex (Materialpreis)	
Vortex DN150 /PN40 1.4571 (SS)	3500 €/Stück
Vortex DN50 /PN40 1.4571 (SS)	2500 €/Stück
Regelventile (Materialpreis)	
Hubventile DN50/PN25; CS	5000 €/Stück
Durchflussregelung: Hubventil mit Faltenbalg, DN250/PN25; Stellungsregler, Magnetventil; CS	15 000 €/Stück
Durchflussregelung: Hubventil mit Faltenbalg, DN25/PN40; Stellungsregler, Magnetventil; Hastelloy	12 500 €/Stück
Durchflussregelung: Hubventil mit Faltenbalg, DN80/PN25; Stellungsregler, Magnetventil; Duplex	20 000 €/Stück

Tabelle 8.8 MSR-Materialkostenauszug – Fortsetzung

Auf/Zu-Ventile (Materialpreis)	EP [€/Einheit]
DN200/PN25; Magnetventil; Stellungsrückmeldungen; in C-Stahl	12 500 €/Stück
DN100/PN25; Magnetventil; Stellungsrückmeldungen; in C-Stahl	5000 €/Stück
DN50/PN25; Magnetventil; Stellungsrückmeldungen; in C-Stahl	3000 €/Stück
DN150/PN25; Magnetventil; Stellungsrückmeldungen; in Duplex	25 000 €/Stück
DN100/PN25; Magnetventil; Stellungsrückmeldungen; in Duplex	20 000 €/Stück
Control & Junction Box (Materialpreis)	
Ex-Abzweigdose	50 €/Stück
Control Box (Exi)	500 €/Stück
Instrumentenluft (Materialpreis)	
Instrument Air Pipe DN25 feuerverzinkt	25 €/m
Instrument Air Pipe DN50 feuerverzinkt	50 €/m
Instrument Air Pipe 6 mm in SS	10 €/m
Instrument Air Pipe 12 mm in SS	25 €/m
Kabelkanal (Materialpreis)	
Kabelkanal mit Trennsteg 600 mm	100 €/m
Kabelkanal mit Trennsteg 300 mm	75 €/m
Kabelkanal 100 mm	25 €/m

8.3 Übersicht der Materialkorrekturfaktoren

Tabelle 8.9 stellt eine grobe Übersicht der Materialkorrekturfaktoren auf Basis von CS dar, die für Preisumrechnungen herangezogen werden können.

Tabelle 8.9 Grobe Übersicht der Materialkorrekturfaktoren

Material	Korrekturfaktor
CS	1
SS allgemein	2,5
Duplex	3
Hastelloy	60

Weitere Details zu diesem Kapitel sind in [28] und [53] dokumentiert.

9 Bestimmung der Construction-Kosten

In diesem Kapitel wird der Aufwand für die Demontage und Installation von Equipment- und Bulk-Material sowie Contracted Cost wie Stahlbau in Anlehnung an die Literatur [6; 14; 13; 33; 42; 44] dokumentiert.

GRUNDSATZ

Zu beachten gilt, dass in den Abschätzungen der Einfluss von

- Kunden- und Mengenrabatt,
- Preisschwankungen im Markt (Käufermarkt versus Angebotsmarkt) und
- Auslastung der Lieferanten sowie auszuführende Unternehmen

nicht berücksichtigt ist.

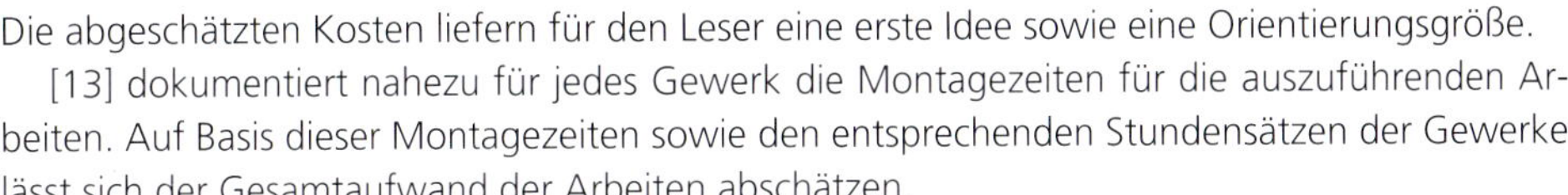

Die abgeschätzten Kosten liefern für den Leser eine erste Idee sowie eine Orientierungsgröße.

[13] dokumentiert nahezu für jedes Gewerk die Montagezeiten für die auszuführenden Arbeiten. Auf Basis dieser Montagezeiten sowie den entsprechenden Stundensätzen der Gewerke lässt sich der Gesamtaufwand der Arbeiten abschätzen.

9.1 Mechanical Installation von Equipment

Die Installationskosten von Equipment basieren auf der Ressourcen- bzw. Mannstärke und der benötigten Zeitdauer sowie dem Stundensatz für die Grobmontage. Die Mannstärke und die Zeitdauer sind mit dem Construction Manager abzustimmen. Die Stundensätze für die Disziplinen sind in Abschnitt 9.3 aus der Literatur dokumentiert.

Typische Installationszeitwerte für Apparate können aus der von DACE herausgegebenen Arbeitszeitliste entnommen werden [13].

Bei Mechanical Installation sind die indirekten Kosten wie Gerüste, Krane sowie allgemeine Baustelleneinrichtungen nicht erfasst. Diese werden separat bei den indirekten Kosten bewertet und entsprechend berücksichtigt.

Neben der Aufstellung des Equipments ist es erforderlich, die folgenden Positionen nicht zu vernachlässigen:

- Störkanten,
- vorhandene Fundamente,
- Kabel usw.

Weiterhin zeigt die Erfahrung, dass der Aufwand für die Equipment-Montage nicht der Kostentreiber ist.

9.2 Bulk-Material-Installation

9.2.1 Die verschiedenen Piping-Faktoren

Für die Rohrleitungsmontagekosten anhand eines MTOs gibt es verschiedene Ansätze. In diesem Kapitel werden folgende Ansätze näher beschrieben:

- **D**utch **A**ssociation **C**ost **E**stimate (DACE) und
- Lindeliste.

9.2.1.1 DACE

Montage

Bei dem DACE-Ansatz werden die Arbeitskosten der ausführenden Firmen für die Rohrleitungsmontage wie folgt ermittelt. Tabelle 9.1 fasst die Normarbeitswerte (in einer Werkstatt) für die erforderlichen Einzelarbeitsgänge zusammen.

Tabelle 9.1 *Auszug von Einzelarbeitsvorgängen für DN100 (Installationswerte)* aus der DACE-Tabelle von Jacobs Engineering® Belgien

Lfd. Nummer	Arbeitsgänge für DN100 (4"), Außendurchmesser 114,3 mm bei einer Wandstärke von 3,6 mm	Std.
1	PIPE HANDLING PER M	0,44
2	INSTALLATION OF FITTINGS	
2,1	Fitting - 1 weld (BW or SW)	0,65
2,2	Fitting - 2 welds (BW or SW)	0,93
2,3	Fitting - 3 welds (BW or SW)	1,21
3	WELDING	
3,1	Butt Weld (rondlas)	1,36
3,2	Socket Weld (hoeklas)	0,81
3,3	Segment Weld	1,76
3,4	Branch Weld (Any angle)	2,17
3,5	Reinforcing Plate (Any angle)	2,42
3,6	O'let weld	2,83
3,7	Pipe cut (for changing pipe)	0,20
4	CONNECTIONS	
4,1	Flange connection 150 # DIN: PN10 - PN16	0,88
4,2	Flange connection 300 # DIN: PN25 - PN40	0,99
4,3	Flange connection 600 # - 900# DIN: PN64 - PN160	1,10
4,4	Flange connection 1500 # - 2500# DIN: PN250 - PN320	1,23
4,5	Spectacle blind, blind, ring	0,18
4,6	Pipe Bending	NA
4,7	Thread Cutting	0,47
4,8	Threaded Connection	0,40

Tabelle 9.1 *Auszug von Einzelarbeitsvorgängen für DN100 (Installationswerte) – Fortsetzung*

Lfd. Nummer	Arbeitsgänge für DN100 (4"), Außendurchmesser 114,3 mm bei einer Wandstärke von 3,6 mm	Std.
5	INSTALLATION	
5,1	Install item 150#, PN10 - PN16	1,25
5,2	Install item 300 # DIN: PN25 - PN40	1,41
5,3	Install item 600 # - 900# DIN: PN64 - PN160	1,56
5,4	Install item 1500# - 2500# DIN: PN250 - PN320	1,75
5,5	Install Actuator (=extra)	0,50
5,6	Install Wafer type valve	0,25
6	TEST (per meter pipe)	
6,1	Test (hydrostatic or pneumatic, on- and offsite)	0,10

Diese sind nach Nenndurchmesser (DN), Druckstufe und Wandstärke aufgegliedert. Mithilfe dieser Arbeitswerte lassen sich nahezu alle Rohrleitungsbaukomponenten abschätzen. Zur Vereinfachung gibt es eine weitere nach Komponenten zusammengefasste Liste (ebenfalls nach DN, Druckstufe und Wandstärke sortiert; Tabelle 9.2).

Tabelle 9.2 *Auszug der zusammengefassten Einzelarbeitsvorgänge für DN100 (Installationswerte)*

Lfd. Nummer	Arbeitsgänge für DN100 (4"), Außendurchmesser 114,3 mm bei einer Wandstärke von 3,6 mm		Std.
1.1 + 6.1	Pipe (per meter)		0,54
2.2 + 2×3.1	Elbow 45-90 °		3,65
2.2 + 2×3.2	Elbow 45-90 °		2,55
2×4.7+2×4.8	Elbow 45-90 °		1,74
2.3 + 3×3.1	Tee equal		5,29
2.3 + 3×3.2	Tee equal		3,64
3×4.7+3×4.8	Tee equal		2,61
2.3+2×3.1S1+3.1S2	Tee red.	S1	3,93
3.1S2		S2	1,36
2.3+2×3.2S1+3.2S2	Tee red.	S1	2,83
3.2S2		S2	0,81
2×4.7S1+2×4.8S1	Tee red.	S1	1,74
4.7S2+4.8S2		S2	0,87
3.4	Branch Any angle, welded		2,17
3.4+3.5	Branch Any angle welded Reinforced		4,59
3.6+3.1	Weldolet		4,19
3.6+3.2	Sockolet		3,64
3.6+4.8	Threadolet		3,23
3.6+3.2	Half coupling (branch)		3,64
3.6+4.8	Half coupling (branch)		3,23

Tabelle 9.2 Auszug der zusammengefassten Einzelarbeitsvorgänge für DN100 (Installationswerte) (nach [14]) – *Fortsetzung*

Lfd. Nummer	Arbeitsgänge für DN100 (4"), Außendurchmesser 114,3 mm bei einer Wandstärke von 3,6 mm		Std.
2.2+2×3.2	Full coupling		2,55
2×4.7+2×4.8	Full coupling, Union		1,74
2.2+3.1S1+3.1S2	Reducer ecc/conc	S1	2,29
3.1S2		S2	1,36
2.2+3.2S1+3.2S2	Reducer ecc/conc	S1	1,74
3.2S2		S2	0,81
4.7S1+4.8S1	Reducer ecc/conc	S1	0,87
4.7S2+4.8S2		S2	0,87
2.1+3.1	Cap		2,01
2.1+3.2	Cap		1,46
4.7+4.8	Cap, Plug, Bushing		0,87
2.1+3.1	Stub end		2,01
	Nipples: included in other factors		
2.1+3.1+4.1	Flanges WN 150#, DIN PN10-16		2,89
2.1+3.1+4.2	Flanges WN 300#, DIN PN25-40		3,00
2.1+3.1+4.3	Flanges WN 600# - 900#, DIN PN64-164		3,11
2.1+3.1+4.4	Flanges WN 1500# - 2500#, DIN PN250-32		3,24
2.1+3.2+4.1	Flanges SW 150#, DIN PN10-16		2,34
2.1+3.2+4.2	Flanges SW 300#, DIN PN25-40		2,45
2.1+3.2+4.3	Flanges SW 600# - 900#, DIN PN64-164		2,56
2.1+3.2+4.4	Flanges SW 1500# - 2500#, DIN PN250-3		2,69
2.1+2×3.2+4.1	Flanges SO 150#, DIN PN10-16		3,15
2.1+2×3.2+4.2	Flanges SO 300#, DIN PN25-40		3,26
2.1+2×3.2+4.3	Flanges SO 600# - 900#, DIN PN64-164		3,37
2.1+2×3.2+4.4	Flanges SO 1500# - 2500#, DIN PN250-32		3,50
2.1+4.1	Flanges LJ 150#, DIN PN10-16		1,53
2.1+4.2	Flanges LJ 300#, DIN PN25-40		1,64
2.1+4.3	Flanges LJ 600# - 900#, DIN PN64-164		1,75
2.1+4.4	Flanges LJ 1500# - 2500#, DIN PN250-320		1,88
2.1+4.7+4.8+4.1	Flanges TH'D 150#, DIN PN10-16		2,40
2.1+4.7+4.8+4.2	Flanges TH'D 300#, DIN PN25-40		2,51
2.1+4.7+4.8+4.3	Flanges TH'D 600# - 900#, DIN PN64-164		2,62
2.1+4.7+4.8+4.4	Flanges TH'D 1500# - 2500#, DIN PN250-		2,75
4.5+4.1	Flanges BLIND 150#, DIN PN10-16		1,06
4.5+4.2	Flanges BLIND 300#, DIN PN25-40		1,17
4.5+4.3	Flanges BLIND 600# - 900#, DIN PN64-16		1,28
4.5+4.4	Flanges BLIND 1500# - 2500#, DIN PN250		1,41

Tabelle 9.2 *Auszug der zusammengefassten Einzelarbeitsvorgänge für DN100 (Installationswerte)* (nach [14]) – *Fortsetzung*

Lfd. Nummer	Arbeitsgänge für DN100 (4"), Außendurchmesser 114,3 mm bei einer Wandstärke von 3,6 mm	Std.
5.1	Valves Flgd 150#, DIN PN10-16	1,25
5.2	Valves Flgd 300#, DIN PN25-40	1,41
5.3	Valves Flgd 600# - 900#, DIN PN64-164	1,56
5.4	Valves Flgd 1500# - 2500#, DIN PN250-3	1,75
5.1+2×3.1	Valves BW 150#, DIN PN10-16	3,97
5.2+2×3.1	Valves BW 300#, DIN PN25-40	4,13
5.3+2×3.1	Valves BW 600# - 900#, DIN PN64-164	4,28
5.4+2×3.1	Valves BW 1500# - 2500#, DIN PN250-32	4,47
5.3+2×3.2	Valves SW ALL RATINGS	3,18
5.3+2×4.7+2×4.8	Valves TH'D ALL RATINGS	3,30
5.3+3.1+4.7+4.8	Valves SW × TH'D ALL RATINGS	3,79

Diese Liste beschreibt die Arbeitswerte in einer Werkstatt für den Werkstoff in Schwarzstahl. Es gibt für verschiedene Materialien unterschiedliche Faktoren, für Edelstahl ist der Faktor zum Beispiel 1,3.

Für die Komplettbetrachtung werden zwei weitere Faktoren zu dem DACE-Ansatz hinzugefügt:

- der Ineffizienz-Faktor sowie
- der Vorfertigungsanteil-Faktor.

Der Ineffizienz-Faktor schwankt zwischen 1,4 bis 2,2. Dieser ist von folgenden Parametern abhängig:

- Zugänglichkeit wie grüne Wiese oder Bestandanlage sowie
- Örtlichkeit wie Rohrbrücke oder innerhalb einer Anlage und
- Weitläufigkeit des Geländes.

Dieser berücksichtigt Ineffizienzen und anteilsmäßig die Fachbauleitung (der übrige Anteil ist im Stundensatz enthalten) der ausführenden Firma.

Der Vorfertigungsanteil an den Gesamtaufwendungen schwankt normalerweise zwischen 30% und 50%.

Ein Beispiel zur Verdeutlichung zeigt Tabelle 9.3:

- für 30%-Vorfertigung,
- innerhalb einer Bestandsanlage (sehr schlechte Zugängigkeit) und
- mit einer Standardrohrlänge von 6 m.

Tabelle 9.3 *Beispielrechnung mit dem erweiterten DACE-Ansatz*

DN	Typ	Material	Wandstärke [mm]	Menge	Norm-Arbeitswert	Materialfaktor	Grundarbeitswert = [Normarbeitswert Materialfaktor]	Basisarbeitszeit [Grundarbeitswert × Menge]
100	Rohr	SS	3,6	25 m	(0,54 + 1,36/6) =0,767	1,3	0,997	24,95
100	Bogen	SS	3,6	3 Stück	3,65	1,3	4,745	14,235
100	Flansch	SS	3,6	2 Stück	3	1,3	3,9	7,8
100	Ventil	SS		1 Stück	1,41	1,3	1,833	1,833
	Summe							48,82

Eine Besonderheit bei der Rohrmontage ist es, dass der Arbeitswert nicht direkt aus der zusammengestellten Tabelle entnommen werden kann. Dieser ist einzeln zu kalkulieren. 0,54 ist der Rohrleitungs-Handlingsaufwand inkl. Druckprobe, jedoch ohne die Schweißnaht. Daher wird der Faktor 1,36 aus der Einzelwerttabelle mit 6 dividiert – wegen der Vorgabe 6 m Rohrlänge.

Die Summe der Basisarbeitswerte beträgt 48,82. Für den Gesamtaufwand ist dieser Wert noch mit zwei weiteren Faktoren zu bewerten:

- für die Örtlichkeiten (2,2 gewählt) und
- der Vorfertigungsfaktor 30% (gewählt).

Hiermit folgt:

$$48{,}82 \cdot 2{,}2 \cdot (1 - 0{,}3) + 48{,}82 \cdot 1 \cdot 0{,}3 = 109{,}36$$

Zur Erläuterung: Die 48,82 werden mit dem Örtlichkeitsfaktor von 2,2 und mit (1 – 0,3 = 0,7) multipliziert. 0,7 ist der Fertigungsstundenanteil, der vor Ort geleistet wird, da die Vorfertigung 30% beträgt. Der zweite Teil der Rechnung ermittelt den Vorfertigungswert.

In den Arbeitswerten sind folgende Positionen nicht enthalten und müssen separat berechnet werden:

- Anstrich,
- Isolierung,
- Wärmebehandlungen, wenn nicht materialbedingt, siehe Materialfaktor,
- Krane (wenn nicht im Faktorsatz der ausführenden Firma enthalten),
- Heißarbeiten,
- Wartezeiten,
- TA und Schichtzuschläge,
- Röntgenaufwand und
- Montage von Supports.

Der DACE-Ansatz ist einheitenlos, Erfahrungen zeigen jedoch, dass durch die zusätzlichen Faktoren der Gesamtaufwand wie Anzahl an Stunden zu bewerten ist.

Für die Montagekosten resultieren bei einem mittleren Stundensatz von 55 € (siehe Tabelle 9.7) ca. 6000 € (109,36 h · 55 €/Std. = 6014 €).

Demontage

Die Berechnung der Demontagekosten erfolgt auf ähnliche Weise, nur dass dann 25% des gesamten Montageaufwandes (ohne Vorfertigung) oder 50% des reinen Rohrmontageaufwandes (ohne Vorfertigung) herangezogen werden. In unserem Beispiel bedeutet dies:

$$25\% \cdot (48{,}82 \cdot 2{,}2 \cdot (1 - 0{,}3)) = 18{,}8$$

oder bei der zweiten Variante:

$$50\% \cdot (24{,}95 \cdot 2{,}2 \cdot (1 - 0{,}3)) = 19{,}21$$

Welche Variante bei einem Projekt zur Anwendung kommt, hängt von der späteren Demontage ab. Bei langen durchgehenden Rohrleitungen ist die Variante 2 zu bevorzugen.

9.2.1.2 Lindeliste

Die Vorgehensweise nach der Lindeliste ist ähnlich zu dem DACE-Ansatz. Auf der Basis des Rohrleitungsmaterial-MTOs werden die einheitslosen Faktoren addiert. Anschließend wird der Gesamtfaktor mit einem gegebenen Faktorpreis für die Gesamtkosten multipliziert. Unterschiedliche Materialien werden über sogenannte Werkstoffmultiplikatoren berücksichtigt. Die Lindeliste unterscheidet kaum Örtlichkeitsfaktoren (sehr beschränkte Einteilung nach Rohrbrücke und Anlage). Auch die Montagemöglichkeiten zwischen Vorfertigung und Feldmontage bleiben unberücksichtigt. Gegenüber dem DACE-Ansatz ist beim Lindefaktor die Rohrsupportmontage mit abschätzbar.

In der Literatur sind Lindefaktoren nicht dokumentiert, daher wird hier auf eine Beispielrechnung verzichtet.

9.2.2 E-Technik und MSR-Installation

Tabelle 9.4 dokumentiert typische Arbeitszeitwerte für die E-Technik und MSR-Installation.

Tabelle 9.4 *Zusammengefasste Beispielzeiten für E-Technik und MSR-Installationen*

Bezeichnung	[Std./Einheit]
Stammkabel verlegen	0,2 h/m
Stammkabel anschließen	3 h/pro Ende
Stichkabel verlegen	0,15 h/m
Stichkabel anschließen	1,5 h/m
Armatur & Ventile anschließen (nur MSR-technischer Anschluss, Montage ist bei Piping berücksichtigt)	0,5 h/m
Stahlpanzerrohr DN15 verlegen	0,5 h/m
Kabelgitterbahnen mit Deckel Breite bis 200 mm verlegen	1 h/m

Tabelle 9.4 *Zusammengefasste Beispielzeiten für E-Technik und MSR-Installationen – Fortsetzung*

Bezeichnung	[Std./Einheit]
Kabelgitterbahnen mit Deckel Breite von 200 mm bis 600 mm verlegen	2 h/m
Loop checks	1,5 h/loop
Programmierung je I/O	3 h

Weitere Arbeitswerte werden in [13] dokumentiert. Mit dem MTO für E-Technik und MSR lässt sich der Gesamtaufwand für die Montagezeit abschätzen. Die Gesamtkosten resultieren aus dem Produkt Montagezeit und Stundensatz.

9.2.3 Lieferung und Montage

Die Tabellen 9.5 und 9.6 fassen einige klassische Bauwesenpositionen zusammen.

Tabelle 9.5 *Bauwesen, Massiv- und Tiefbau (Contracted Cost = Material und Arbeit zusammen)*

Bezeichnung	EP [€/Einheit]
Aushub: (Handschachtung)	120 €/m^3
Aushub: (Maschinenschachtung)	20 €/m^3
Aushub: (Hand-/Maschinenschachtung kombiniert)	50 €/m^3
Schotterung	40 €/m^3
Beton	250 €/m^3
Planum erstellen	5 €/m^2
PE-Folie	10 €/m^2
Schalung (Fundamente)	65 €/m^2
Schalung (Aufkantung)	75 €/m^2
Bewehrungsstahl	1400 €/t
Sandfüllung	35 €/m^3
Entsorgungskosten (Zusatzkosten ohne Aushub)	100 €/m^3 (gilt für DK 3, Preis ist stark von der Art der Kontamination abhängig)
VAwS Kabelgraben 800 mm breit	1000 €/m
Pumpenfundament	2000 €/m^3
Wärmetauscher Fundament	2000 €/m^3
Köcherfundament (zur Aufnahme einer Stütze)	4000 €/m^3

Tabelle 9.6 *Stahlbau (Contracted Cost = Material und Arbeit zusammen)*

Bezeichnung	EP [€/Einheit]
Feuerschutzbeschichtung Chartek 7	1500 €/m^2
Baustahl einschl. Verbind. und Beschicht. $\leq$16 kg/m	8500 €/t (Preis ist stark mengenabhängig)
Baustahl einschl. Verbind. und Beschicht. $>$16 kg/m $\leq$ 32 kg/m	6500 €/t (Preis ist stark mengenabhängig)

Tabelle 9.6 *Stahlbau (Contracted Cost = Material und Arbeit zusammen) – Fortsetzung*

Bezeichnung	EP [€/Einheit]
Baustahl einschl. Verbind. und Beschicht. >32 kg/m ≤ 64 kg/m	5500 €/t (Preis ist stark mengenabhängig)
Baustahl einschl. Verbind. und Beschicht. >64 kg/m	4500 €/t (Preis ist stark mengenabhängig)
Gitterroste	90 €/m²
Geländer	120 €/m
Leitern mit Rückenschutz	350 €/m
Leitern ohne Rückenschutz	200 €/m
Gitterroststufen (1,0 × 0,27 m)	150 €/Stück
Bolzen PEIKKO HPM16L	40 €/ Stück
Bolzen PEIKKO HPM24L	50 €/ Stück

Weitere Arbeitswerte werden in [13] dokumentiert. Mit dem MTO für Bauwesen und Stahlbau lässt sich der Gesamtaufwand für die Montagezeit abschätzen. Die Gesamtkosten resultieren aus dem Produkt Montagezeit und Stundensatz.

9.3 Zusammenfassung

Für die auszuführenden Vertragspartnerfirmen sind die in Tabelle 9.7 dokumentierten Stundensatz-Spannweiten heranzuziehen, wenn keine genaueren Stundensätze vorliegen.

Tabelle 9.7 *Stundensätze der Disziplinen*

Disziplin	Mittlerer Stundensatz [€/h]
Grobmontage	45 bis 65
Rohrleitungsbau	45 bis 65
MSR	45 bis 65
E-Technik	45 bis 65

Der mittlere Stundensatz enthält neben Lohnkosten auch die Arbeitsutensilien wie Schweißgeräte oder -gut. Ausdrücklich wird hier darauf hingewiesen, dass die indirekten Kosten wie Gerüste **nicht** durch den mittleren Stundensatz abgedeckt sind.

Für die hier nicht dokumentierten Gewerke wie Isolierung, Anstrich usw. gibt [13] die Installationszeiten. Die Gesamtkosten resultieren aus der Bewertung mit dem entsprechenden Stundensatz.

Weitere Details zum Kapitel 9 sind in [25] und [53] dokumentiert.

10 Miscellaneous

DEFINITION

Miscellaneous: Kosten für Construction Management, Indirekte Kosten, Completion-Phase, Allowances, Escalation und Contingency.

10.1 Construction Management

Die Position Construction Management umfasst die folgenden Punkte:

- Construction Management,
- Fachbauleiter für die Disziplinen (Rohrleitungsbau, Mechanik, E-Technik, Instrumentierung, Bauwesen, Gerüstbaukoordinator usw.),
- Sicherheits- und Gesundheitskoordinator,
- Sicherheitsposten,
- Mannlochwachen,
- (Brandwachen),
- Sicherheits- und Gesundheitsschutzplan für die Baustelle und
- Gasdetektoren.

Alle ressourcenbasierten Aufwendungen für das Construction Management beruhen auf Stundenschätzungen der Disziplinen. Die übrigen sind auf der Basis von Erfahrungswerten sowie Angeboten abzuschätzen. Als Orientierung können 5% bis 10% (bei ±50% oder ±30% Cost Estimates) der Total-Base-Kosten angesetzt werden. Dies ist aber konstruktiv zu hinterfragen und ggf. eine Grobstundenschätzung zu erstellen. Für ein ±10% Cost Estimate muss eine Stundenschätzung durch die Bauleitung erfolgen.

Das Construction-Management-Team setzt sich in der Regel aus den Kunden und dem Engineeringpartner zusammen. In Abhängigkeit der Projektgröße kann das Team mit zusätzlichen Construction-Managern sowie Fachbauleitern und weiteren Experten verstärkt werden. Dies ist von der Ausführungsstrategie des Kunden abhängig (EPC, EPCm).

10.2 Indirekte Kosten

Die direkten Kosten beziehen sich auf die Installation; die indirekten Kosten umfassen die folgenden Positionen:

- allgemeine Baustelleneinrichtung (wie Bauzäune, -strom, Container, Wasserspender usw.),
- Krane inklusive Befestigungsmaßnahmen und
- Gerüste sowie Regiestunden.

Die Bewertung dieser Positionen für die Kostenschätzungen dokumentiert Abschnitt 4.3.1.6.

10.3 Completion-Phase

Die Position Completion umfasst die folgenden Positionen:

- Prüfung und Inbetriebnahme,
  - ZfP wie Röntgen usw.,
  - Druckprüfungen,
  - Inbetriebnahme- sowie Abnahme-Ingenieure usw.;
- «Wie gebaut» (As-built) und
- Schulung und Handbuch (Training und Manual).

Für die Bestimmung dieser Positionen können folgende Orientierungsgrößen herangezogen werden:

a) Röntgen (Rohrleitungs-MTO sowie Rohrklasse; weiterhin ist zu beachten, dass nach dem Glühen geröntgt wird),
b) Druckprüfungen:
   b1) Rohrleitungen: Sie sind in Rohrleitungsmontageansätzen in der Regel enthalten.
   b2) Equipment: separate Abschätzung erforderlich (zur klären ist hierbei, ob bei Neubeschaffung die Druckprüfung auf der Baustelle nach der Integration noch notwendig ist, bei Modifikation ist die Druckprüfung in der Regel einzuplanen),
c) Inbetriebnahme-Ingenieure: ist nach Rücksprache mit dem entsprechenden Inbetriebnahme-Team nach Aufwand abzuschätzen,
d) As-built: siehe Kapitel 7,
e) Training und Manual: sind nach Aufwand mit dem Team abzuschätzen. In den frühen Projektphasen (Appraise und Select) genügt auch eine pauschale Abschätzung, und
f) Fundamentsetzungsproben (zum Beispiel Befüllen eines Behälters, damit das neu gegründete Fundament sich setzen kann).

10.4 Allowances (Zuschläge)

Verschiedene Arten von Allowances sind bekannt:

- Allowances für Design,
- Allowances für MTO,
- Allowances für Kleinmaterial,
- Allowances für Verschnitt,
- Allowances für Überstunden (zum Beispiel während eines Turnarounds) und
- Allowances für Ineffizienzen (zum Beispiel während eines Turnarounds).

Dieser Abschnitt beschreibt die Allowances für Design, MTO und Verschnitt. Tabelle 10.1 dokumentiert die «normale» Spannweite für Allowances. Für jedes Projekt sind mit den Disziplinen die entsprechenden Allowances für die Kostenschätzung abzustimmen. Dieses hängt u.a. von der Zuverlässigkeit der Preisquellen (In-house-Kalkulation, Budgetangebot oder Ist-Kosten aus einem vergleichbaren Projekt) und von der Wahrscheinlichkeit für Designänderungen ab. Ansätze für die Allowances für Kleinmaterial sind in Kapitel 4 dokumentiert.

Tabelle 10.1 Typische Allowances-Werte nach Projektphasen

	Allowances für Design und MTO inklusive Verschnitt
Appraise	25%...50%
Select	15%...30%
Define	5%...10%

Zuschläge für Überstunden und Ineffizienzen sind unternehmensspezifisch und projektabhängig separat zu bestimmen und anzuwenden.

10.5 Escalation

Die Escalation beschreibt die zu erwartenden Preissteigerungen zwischen Erstellung des Cost Estimates und der Beschaffung der Komponenten bzw. der Ausführung des Projektes.

Um diese Steigerungen so gut wie möglich zu erfassen, sind die Projektkosten bzw. Ausgaben in ihrer Höhe wie folgt aufzuteilen:

- Zeitpunkt der Ausgabe (nach Jahren sortiert),
- Kostenquelle, also Rahmenvertragspartner oder Freier-Markt-Anfrage und
- Anfälligkeit für spontane Preisschwankungen.

Auf der Basis von finanzmathematischen Ansätzen wird der Wert für Escalation abgeschätzt [7] (Tabelle 10.2).

Tabelle 10.2 *Berechnung des Escalation-Wertes*

Allgemeine Projektdaten			
Kunde:	xxx	**Estimate-Stand:**	31.12.2016
Projektname:	xxx	**Einkaufsbeginn:**	01.03.2018
Projektnummer:	xxx	**Baubeginn:**	01.06.2018
Cost-Estimate-Genauigkeit	xxx	**Bauende:**	31.12.2019

Bestimmung der Escalation								
		Projektausgaben						
		Jahr	**2017**	**2018**	**2019**	**2020**	**2021**	**Summe**
		Zukünftige Projektausgaben in den entsprechenden Jahren	0 €	1.420.000 €	3.940.000 €			**5.360.000 €**
		Angabe der Escalation in % pro Jahr sowie Aufteilung der Projektausgaben nach Labour, Material, Engineering und CM						
		Labour						
Escalation in % pro Jahr	2%	Rahmenvertragspartner:		50.000 €	1.250.000 €			**1.300.000 €**
	4%	Freier Markt Ausschreibung:			970.000 €			**970.000 €**
		Material						
	5%	Exotisches Material		1.000.000 €				**1.000.000 €**
	2%	Standard Material		370.000 €				**370.000 €**
		Engineering und CM						
	3%	Engineering			50.000 €			**50.000 €**
	3%	CM			1.670.000 €			**1.670.000 €**
		Überprüfung der gesamten Projektausgaben mit der Aufteilung der Projektausgaben nach Labour, Material, Engineering und CM						**0 €**

Tabelle 10.2 *Berechnung des Escalation-Wertes – Fortsetzung*

	Bestimmung der Escalation für Labour, Material, Engineering und CM						
	Labour						
	Rahmenvertragspartner:	0 €	2.020 €	76.510 €	0 €	0 €	**78.530 €**
	Freier Markt Ausschreibung:	0 €	0 €	121.118 €	0 €	0 €	**121.118 €**
	Material						
	Exotisches Material	0 €	102.500 €	0 €	0 €	0 €	**102.500 €**
	Standard Material	0 €	14.948 €	0 €	0 €	0 €	**14.948 €**
	Engineering und CM						
	Engineering	0 €	0 €	4.636 €	0 €	0 €	**4.636 €**
	CM	0 €	0 €	154.854 €	0 €	0 €	**154.854 €**
	Gesamt-Escalation:						**476.587 €**
	Escalation-Anteil and den zukünftigen Ausgaben:						**8,9%**

Kommentar	

TEMPLATE
Im Anhang ist die Vorlage (Template) eines Escalation tools enthalten.

10.6 Contingency (Unvorhergesehenes)

Das Berücksichtigen von Contingencies in Kostenschätzungen ist ein Ansatz, um die unvorhergesehenen Kosten in den Kostenschätzungen zu inkludieren. Tabelle 10.3 dokumentiert die klassische Spannweite für die Contingency-Werte. Die exakte Bestimmung dokumentiert [1; 5; 32].

Beispiele für Contingencies:

- Lieferantenwechsel für Equipment,
- Fehlplanungen,
- Lieferverzögerungen usw.

Tabelle 10.3 *Typische Contingency-Werte nach Projektphasen*

	Contingency
Appraise	Ca. 20%...30%
Select	Ca. 10%...20%
Define	Ca. 5%...10%

Weitere Details zu diesem Kapitel sind in [4; 12; 25; 29; 30; 39] dokumentiert.

11 Beispiele

In diesem Kapitel werden für ein Projekt eine ±50%- und ±30%-Kostenschätzung anhand der in diesem Buch beschrieben Cost-Estimate-Ansätze beispielhaft vorgestellt. Auf die Vorstellung von ±10% Kostenschätzung wird verzichtet, da die entsprechenden Angebote und die detaillierten Planungsleistungen nicht zur Verfügung stehen.

INFOCLICK
Die Beispiel-Templates sind auch online verfügbar.

Tabelle 11.1 gibt den Projektumfang anhand der Equipment-Liste wieder. Weiterhin hat das Projekt folgende Randbedingungen:

- nur ISBL-bezogene Arbeiten,
- kein Turnaround-Projekt,
- es werden Flüssigkeiten verarbeitet,
- keine Überstunden, Wochenendarbeiten oder Schichtarbeiten,
- Ausführung von Detailengineering und Construction im Jahr 2019 und
- Ort: Westdeutschland.

Tabelle 11.1 *Beispiel Equipment-Liste*

Type	Beschreibung	Menge	Material	Gewicht [kg]	Maße [mm]	Leistung [kW]	Wärmeübertragungsfläche [m²]
Kolonne	C-0001	1	CS	28.000	D = 1.500 L= 15.000		
Kolonnen Einbauten	C-0001	2	SS				
S&T Wärmetauscher	E-0001	1	CS				130
S&T Wärmetauscher	E-0002	1	CS				100
S&T Wärmetauscher	E-0003	1	CS				70
S&T Wärmetauscher	E-0004	1	CS				450
S&T Wärmetauscher	E-0005	1	CS				450
S&T Wärmetauscher	E-0006	1	CS				65
S&T Wärmetauscher	E-0007	1	CS				200
S&T Wärmetauscher	E-0008	1	CS				200
Transportkosten S&T Wärmetauscher		1					
Behälter	V-0001	1	Duplex	5.500	D = 2.000 L = 5.000		
Pumpen	P-0001	1	SS			40	
Pumpen	P-0002	1	SS			40	
Pumpen	P-0003	1	SS			60	
Pumpen	P-0004	1	SS			60	
Pumpen	P-0005	1	SS			150	

Tabelle 11.1 Beispiel Equipment-Liste – Fortsetzung

Type	Beschreibung	Menge	Material	Gewicht [kg]	Maße [mm]	Leistung [kW]	Wärmeübertragungsfläche [m^2]
Pumpen	P-0006	1	SS			250	
Pumpen	P-0007	1	SS			250	
Transportkosten Pumpen		1					
Sperrsystem		7					
Nachspeiseeinheit		1					

11.1 Kostenermittlung anhand dieses Handbuches

11.1.1 ±50% Cost Estimate

Für das ±50% Cost Estimate sind zunächst die Equipment-Kosten abzuschätzen. Der Equipment-Umfang ist in der Equipment-Liste dokumentiert, siehe Tabelle 11.1. Die Herangehensweise für die Abschätzung der Equipment-Preise ist auf den nachfolgenden Seiten mit den dazugehörigen Ansätzen aus diesem Kostenschätzungshandbuch beschrieben. Für die Gesamtprojektkostenermittlung werden anschließend die Lang-Factor- und Hand-Factor-Methode herangezogen.

Kolonnenkosten

Berechnung der Kolonnenkosten gemäß der in Abschnitt 8.1.4 beschriebenen Formel für CS:

Einheitspreis pro kg = 71,783 € · (Gewicht der Kolonne in kg)$^{-0,232}$

EP = 71,783 · (28 000) $^{-0,232}$ => 6,7 €/kg
Gesamtgewicht der Kolonne = 28 000 kg
Kosten Kolonne = 186 827 €

Kolonneneinbauten:
EP = 600 €/m^2
Gesamtfläche der Einbauten = ca. 4 m^2
Kosten der Einbauten = 2400 €

Plattformen:
EP = 1000 €/m^2
Gesamtfläche der Plattformen = 31 m^2 (4 umlaufende Plattformen)
Kosten Plattformen = 31 000 €

Clipse:
EP = 20 €/kg
Gesamtgewicht der Clipse = ca. 1200 kg (6 Clipse je Bühnenumlauf mit 50 kg je Clip)
Kosten Clipse = 24 000 €

Leitern:
EP = 350 €/m
Gesamtlänge der Leitern = 20 m
Kosten der Leitern = 7000 €

Transportkosten mit 4% der direkten Equipment-Kosten => 186 827 · 0,04 = 7500 €

Gesamtkosten der Kolonne:

7500 € + 7000 € + 24 000 € + 31 000 € + 2400 € + 186 827 €

= **258 727 €**

Shell&Tube-Wärmetauscherkosten
Berechnung der Wärmetauscherkosten gemäß der in Abschnitt 8.1.3 beschriebenen Formel für CS:

Einheitspreis pro m^2 = 5348,3 € · (Wärmeübertragungsfläche in $m^2)^{-0,53}$

Beispiel mit 130 m^2 Wärmeübertragungsfläche:

5348,3 € · (130 $m^2)^{-0,534}$ = 398 €/m^2

Tabelle 11.2 *Wärmetauscherkosten*

Name	Wärmeübertragungsfläche	Preis je m^2	Kosten pro Wärmetauscher
E-0001	130	398 €	51 740 €
E-0002	100	457 €	45 700 €
E-0003	70	553 €	38 710 €
E-0004	450	205 €	92 250 €
E-0005	450	205 €	92 250 €
E-0006	65	576 €	37 440 €
E-0007	200	316 €	63 200 €
E-0008	200	316 €	63 200 €
Transportkosten mit 2%			9690 €
Gesamtkosten (gerundet)			**494 000 €**

Behälterkosten
Berechnung der Behälterkosten gemäß der in Abschnitt 8.1.2 beschriebenen Formel für CS:

Einheitspreis pro kg = 470,03 € · (Gewicht des Behälters in kg)$^{-0,45}$

Behältergewicht = 5500 kg
EP => 470,03 € · (5500 kg)$^{-0,455}$ = 9,3 €/kg
Behälterkosten in CS => 5500 kg · 9,3 €/kg = 51 000 €
Der Behälter im Projekt ist jedoch aus Duplex gefertigt, daher muss noch ein Korrekturfaktor von 3 berücksichtigt werden.
Behälterkosten in Duplex => 51 000 € · 3 = 153 000 €

Transportkosten mit 4% => 153 000 € · 0,04 = 6000 €

Gesamtbehälterkosten in Duplex = 159 000 €

Pumpenkosten

Berechnung der Pumpenkosten gemäß der in Abschnitt 8.1.5 beschriebenen Formel für Edelstahl:

$$Pumpenkosten = \frac{3.967,6\ €}{kW} \cdot (E\text{-}Motorleistung)^{0,2729}$$

$$Motorenkosten = \frac{0,1154\ €}{kW^2} \cdot (E\text{-}Motorleistung)^2 + \frac{152,62\ €}{kW} \cdot (E\text{-}Motorleistung) + 571,11\ €$$

Beispiel mit 40 kW Motorleistung:
Pumpenkosten: 3967,6 €/kW · $(40\ kW)^{0,2729}$ = 10 858 €
Motorenkosten: 0,1154 €/kW^2 · $(40\ kW)^2$ + 152,62 €/kW · 40 kW + 571,11 € = 6861 €

Tabelle 11.3 *Pumpenkosten*

Name	Motorleistung [kW]	Kosten pro Pumpe	Kosten mit Korrekturfaktor von 3	Motorenkosten	Gesamtkosten pro Pumpe
P-0001	40	10 858 €	32 574 €	6861 €	39 435 €
P-0002	40	10 858 €	32 574 €	6861 €	39 435 €
P-0003	60	12 128 €	36 384 €	10 144 €	46 528 €
P-0004	60	12 128 €	36 384 €	10 144 €	46 528 €
P-0005	150	15 573 €	46.719 €	26 061 €	72 780 €
P-0006	250	17 903 €	53 709 €	45 939 €	99 648 €
P-0007	250	17 903 €	53 709 €	45 939 €	99 648 €
Transportkosten mit 4%					17 760 €
Gesamtkosten (gerundet)					**462 000 €**

Gesamtequipment-Kosten

Die ermittelten Equipment-Kosten werden in die Equipment-Liste (Tabelle 11.4) eingetragen.

Gesamtprojektkosten mit dem Lang-Factor:

Gewählter Lang-Factor = 5 =>	1 800 000 € · 5	= 9 000 000 €
Contingency = 25% =>	9 000 000 € · 25%	= 2 250 000 €
Escalation = 3%=>	9 000 000 € · 3%	= 270 000 €
TIC		= **11 520 000 €**

Der Literaturwert ist 4,74, als Lang-Factor wird aber 5 herangezogen. Die Auswahl des Lang-Factors sollte, wenn möglich, bereits aus vergleichbaren ausgeführten Projekten oder aus ±10% Cost Estimates folgen, um unternehmensspezifische Besonderheiten zu berücksichtigen.

Die Fragestellungen aus den Abschnitten 4.1 und 4.5 sind abschließend zu beantworten, um eine nahezu vollständige Kostenschätzung für das Projekt zu erstellen.

Tabelle 11.4 *Bepreiste Equipment-Liste*

Type	Beschreibung	Menge	Material	Gewicht [kg]	Maße [mm]	Leistung [kW]	Wärmeübertragungsfläche [m²]	EP [€]	Allowances*	GP [€]
Kolonne	C-0001	1	CS	28 000	D = 1 500 L = 15 000			258 727	20%	310 472
Kolonnen Einbauten	C-0001	2	SS					inkl.		
S&T Wärmetauscher	E-0001	1	CS				130	51 740	20%	62 088
S&T Wärmetauscher	E-0002	1	CS				100	45 700	20%	54 840
S&T Wärmetauscher	E-0003	1	CS				70	38 710	20%	46 452
S&T Wärmetauscher	E-0004	1	CS				450	92 250	20%	110 700
S&T Wärmetauscher	E-0005	1	CS				450	92 250	20%	110 700
S&T Wärmetauscher	E-0006	1	CS				65	37 440	20%	44 928
S&T Wärmetauscher	E-0007	1	CS				200	63 200	20%	75 840
S&T Wärmetauscher	E-0008	1	CS				200	63 200	20%	75 840
Transportkosten S&T Wärmetauscher		1						9 690	20%	11 628
Behälter	V-0001	1	Duplex	5 500	D = 2 000 L = 5 000			159 000	20%	190 800
Pumpen	P-0001	1	SS			40		39 435	20%	47 322
Pumpen	P-0002	1	SS			40		39 435	20%	47 322
Pumpen	P-0003	1	SS			60		46 528	20%	55 834
Pumpen	P-0004	1	SS			60		46 528	20%	55 834
Pumpen	P-0005	1	SS			150		72 780	20%	87 336
Pumpen	P-0006	1	SS			250		99 648	20%	119 578
Pumpen	P-0007	1	SS			250		99 648	20%	119 578

Tabelle 11.4 Bepreiste Equipment-Liste – Fortsetzung

Type	Beschreibung	Menge	Material	Gewicht [kg]	Maße [mm]	Leistung [kW]	Wärmeübertragungsfläche [m²]	EP [€]	Allowances*	GP [€]
Transportkosten Pumpen		1						17 760		17 760
Sperrsystem		7						18 000	0%	126 000
Nachspeiseeinheit		1						30 000	0%	30 000
Summe der Equipmentkosten inkl. Transport								1 421 669		1 800 851
Summe gerundet								**1 422 000**		**1 800 000**

* Kommentar: Aufgrund des Planungsstandes werden hier 20% Design Allowances berücksichtigt.

Gesamtprojektkosten mit dem Hand-Factor

Neben dem Lang-Factor lässt sich das TIC auch mit dem Hand-Factor abschätzen. Mit der

- Summe der Equipment-Kosten aus der Tabelle 11.4 (Spalte GP [€]) und
- den ergänzenden MSR-Materialkosten sowie
- den entsprechenden Hand-Faktoren als auch unter
- Berücksichtigung von Contingency und Escalation

folgt für **TIC = 11,2M €**, siehe Tabelle 11.5.

Tabelle 11.5 *Hand-Factor-Ansatz*

	Kolonnen	Wärme-tauscher	Tanks	Pumpen	MSR	Summe
Zuschlagssatz bei Duplex / (CS · 0,8 (gilt hier für den Tank))	400%	350%	320%	400%	400%	
Grundkosten	310 472 €	593 016 €	190 800 €	706 562 €	498 000 €	**2 298 851 €**
Total-Base-Wert	1 241 890 €	2 075 555 €	610 560 €	2 826 250 €	1 992 000 €	**8 746 254 €**
Contingency	25%	25%	25%	25%	25%	**2 186 564 €**
Escalation	3%	3%	3%	3%	3%	**262 388 €**
TIC (gerundet)	1 589 619 €	2 656 711 €	781 517 €	3 617 599 €	2 549 760 €	**11 200 000 €**

Kommentar: Die 498 000 € für MSR-Material müssen separat ermittelt werden (siehe ±30% Cost Estimate Summary (415 600 € + 20% Allowances), Tabelle 11.16).

Die Fragestellungen aus den Abschnitten 4.1 und 4.5 sind abschließend zu beantworten, um eine nahezu vollständige Kostenschätzung für das Projekt zu erstellen.

11.1.2 ±30% Cost Estimate

Equipment

Für das ±30% Cost Estimate liegen neben Budgetangeboten, siehe Tabelle 11.6, für den größten Teil der Equipments auch vorläufige MTOs der Gewerke vor – siehe nachfolgende Seiten. Im Estimating-Plan ist zu dokumentieren, welche Budgetangebote für Equipment anzufragen bzw. einzuholen sind.

Tabelle 11.6 *Bepreiste Equipment-Liste*

Type	Beschreibung	Menge	Material	Gewicht [kg]	Maße [mm]	Leistung [kW]	Wärmeübertragungsfläche [m^2]	EP [€]	Allowances	GP [€]	Preisquelle
Kolonne:	C-0001	1	CS	28 000	D = 1 500 L = 15 000			252 000	10%	277 200	Budget-Angebot
Kolonnen Einbauten	C-0001	2	SS					inkl.			
S&T Wärmetauscher	E-0001	1	CS				130	63 000	10%	69 300	Budget-Angebot
S&T Wärmetauscher	E-0002	1	CS				100	63 000	10%	69 300	Budget-Angebot
S&T Wärmetauscher	E-0003	1	CS				70	53 100	10%	58 410	Budget-Angebot
S&T Wärmetauscher	E-0004	1	CS				450	85 500	10%	94 050	Budget-Angebot
S&T Wärmetauscher	E-0005	1	CS				450	85 500	10%	94 050	Budget-Angebot
S&T Wärmetauscher	E-0006	1	CS				65	45 000	10%	49 500	Budget-Angebot
S&T Wärmetauscher	E-0007	1	CS				200	54 000	10%	59 400	Budget-Angebot
S&T Wärmetauscher	E-0008	1	CS				200	54 000	10%	59 400	Budget-Angebot
Transportkosten S&T Wärmetauscher		1						inkl.	10%		
Behälter	V-0001	1	Duplex	5 500	D = 2 000 L = 5 000			144 000	10%	158 400	Budget-Angebot
Pumpen	P-0001	1	SS			40		39 435	20%	47 322	In-house
Pumpen	P-0002	1	SS			40		39 435	20%	47 322	In-house
Pumpen	P-0003	1	SS			60		54 000	10%	59 400	Budget-Angebot
Pumpen	P-0004	1	SS			60		54 000	10%	59 400	Budget-Angebot
Pumpen	P-0005	1	SS			150		72 000	10%	79 200	Budget-Angebot
Pumpen	P-0006	1	SS			250		180 000	10%	198 000	Budget-Angebot
Pumpen	P-0007	1	SS			250		180 000	10%	198 000	Budget-Angebot

Tabelle 11.6 *Bepreiste Equipment-Liste – Fortsetzung*

Type	Beschreibung	Menge	Material	Gewicht [kg]	Maße [mm]	Leistung [kW]	Wärmeübertragungsfläche [m²]	EP [€]	Allowances	GP [€]	Preisquelle
Transportkosten Pumpen		1						inkl.			In-house
Sperrsystem		7						17 000	10%	130 900	Budget-Angebot
Nachspeiseeinheit		1						30 000	0%	30 000	In-house
Summe der Equipmentkosten inkl. Transport								1 564 970		1 838 554	
Summe gerundet								**1 565 000**		**1 840 000**	

Die aufgeführten Preise in Tabelle 11.6 für die Budgetangebote dienen als Orientierungshilfe.

Piping

Tabelle 11.7 fasst das MTO des Rohrleitungsbaus zusammen. Die Einzelgewichte der Rohrleitungselemente sind in Tabelle 11.8 und das daraus folgende Gesamtgewicht in Tabelle 11.9 dokumentiert.

Tabelle 11.7 *Piping-MTO, Zusammenfassung (Genauigkeit: ±30%)*

Material: CS   Wandstärke: ASME STD. Druckstufe: 300 lbs (PN 40)

DN	Rohr [m]	Bogen [Stck.]	T-Stück [Stck.]	Reduzierung [Stck.]	Flansch [Stck.]	Ventil [Stck.]
25	5	10	2		60	
40						
50	200	90	20	10	152	30
65						
80	100	40	15	10	40	40
100	1000	390	10	20	352	10
150	570	215	25	20	102	20
200	500	265	10	5	52	15
250	10	20		10	30	10
300	120	30	5	5	12	
350	10	5		5	5	
400		2		5	5	
450						
500	10				1	
Summe	2525	1067	87	90	811	125

mittlerer DN   Rohr: 150
mittlerer DN   Ventil: 80
Komplexität   8,1 Fittinge & Flansche je 10 m

Tabelle 11.8 *Piping-Gewichtstabelle pro Stück*

DN	Rohr [kg]	Bogen [kg]	T-Stück [kg]	Reduzierung [kg]	Flansch [kg]	Ventil [kg]
25	2,5	0,15	0,3		1,8	8,2
40						
50	5,5	0,7	1,4	0,41	4,1	24
65						
80	11,5	2,1	3,8	1	6,8	48
100	16	4	6	1,63	11,4	72
150	28,3	10,5	16,5	3,95	19,1	125
200	42	21,3	27,7	6,5	30,4	200

Tabelle 11.8 *Piping-Gewichtstabelle pro Stück – Fortsetzung*

DN	Rohr [kg]	Bogen [kg]	T-Stück [kg]	Reduzierung [kg]	Flansch [kg]	Ventil [kg]
250	60	37,5		10,7	41,3	310
300	74	55,8	67	15	63,6	
350	81	72	103	27	81,7	
400		95		59,5	105	
450						
500	117	146			182	

Tabelle 11.9 *Piping-Gesamtgewichtstabelle*

DN	Rohr [kg]	Bogen [kg]	T-Stück [kg]	Reduzierung [kg]	Flansch [kg]	Ventil [kg]
25	12,5	1,5	0,6		108	
40						
50	1100	63	28	4,1	623,2	720
65						
80	1150	84	57	10	272	1920
100	16 000	1560	60	32,6	4012,8	720
150	16 131	2257,5	412,5	79	1948,2	2500
200	21 000	5644,5	277	32,5	1580,8	3000
250	600	750		107	1239	3100
300	8880	1674	335	75	763,2	
350	810	360		135	408,5	
400		190		297,5	525	
450						
500	1170				182	
Summe	66 854	12 585	1170	773	11 663	11 960

Die Kalkulation der Materialkosten erfolgt über das Gewicht, siehe Abschnitt 8.2.1. Die Einzelpreise der Rohrleitungselemente sind in Tabelle 11.10 und die daraus folgenden Gesamtkosten in Tabelle 11.11 dokumentiert.

Tabelle 11.10 *Piping-Einheitspreistabelle pro kg*

DN	Rohr [€/kg]	Bogen [€/kg]	T-Stück [€/kg]	Reduzierung [€/kg]	Flansch [€/kg]	Ventil [€/kg]
25	1,5	5	5	5	3	20
40	1,5	5	5	5	3	20
50	1,5	5	5	5	3	15
65	1,5	5	5	5	3	15
80	1,5	5	5	5	3	15

Tabelle 11.10 *Piping-Einheitspreistabelle pro kg – Fortsetzung*

DN	Rohr [€/kg]	Bogen [€/kg]	T-Stück [€/kg]	Reduzierung [€/kg]	Flansch [€/kg]	Ventil [€/kg]
100	1,5	5	5	5	3	15
150	1,5	5	5	5	3	12
200	1,5	5	5	5	3	12
250	1,5	5	5	5	3	10
300	1,5	5	5	5	3	10
350	1,5	5	5	5	3	10
400	1,5	5	5	5	3	10
450	1,5	5	5	5	3	10
500	7,5	5	5	5	3	10

Tabelle 11.11 *Gesamtmaterialkosten-Tabelle*

DN	Rohr [€]	Bogen [€]	T-Stück [€]	Reduzierung [€]	Flansch [€]	Ventil [€]
25	19	8	3	0	324	0
40	0	0	0	0	0	0
50	1650	315	140	21	1870	10 800
65	0	0	0	0	0	0
80	1725	420	285	50	816	28 800
100	24 000	7800	300	163	12 038	10 800
150	24 197	11 288	2063	395	5845	30 000
200	31 500	28 223	1385	163	4742	36 000
250	900	3750	0	535	3717	31 000
300	13 320	8370	1675	375	2290	0
350	1215	1800	0	675	1226	0
400	0	950	0	1488	1575	0
450	0	0	0	0	0	0
500	8775	0	0	0	546	0
Summe	107 300	62 923	5851	3864	34 988	147 400

Summe Total 362 325 €

Die Piping-Montagekosten können über den im Buch vorgestellten DACE-Ansatz oder über die Lindeliste ermittelt werden.

Summe Montagekosten gemäß DACE-Ansatz ca. **750 000 €**

Civil

Das Gewerk Bauwesen (Civil) hat für die Select-Phase ein grobes MTO erstellt. Eine Bewertung erfolgt mit den Einheitspreisen (EP) aus Abschnitt 9.2.3. Ergebnisse fasst Tabelle 11.12 zusammen.

Tabelle 11.12 *Baukostentabelle*

Beschreibung	Menge	Einheit	EP	GP
Aushub: 20% Handschachtung 80% Maschinenschachtung	4000	m^3	36 €/m^3	144 000 €
Beton	900	m^3	250 €/m^3	225 000 €
Bewehrung Beton	130 000	kg	1,4 €/kg	182 000 €
Feuerschutzanstrich F90	100	m^2	1500 €/m^2	150 000 €
Neuer Boden	1100	m^3	40 €/m^3	44 000 €
Summe				**745 000 €**

Steel

Das Gewerk Bauwesen (Steel) hat für die Select-Phase ein grobes MTO erstellt. Eine Bewertung erfolgt mit den Einheitspreisen (EP) aus Abschnitt 9.2.3. Ergebnisse fasst Tabelle 11.13 zusammen.

Tabelle 11.13 *Stahlbaukostentabelle*

Beschreibung	Menge	Einheit	EP	GP
Stahlbau < 30 kg/m	25 000	kg	8 €/kg	200 000 €
Stahlbau > 30 kg/m & <60 kg/m	25 000	kg	6 €/kg	150 000 €
Stahlbau > 60 kg/m & <120 kg/m	55 000	kg	5 €/kg	275 000 €
Stahlbau > 120 kg/m	15 000	kg	4 €/kg	60 000 €
Geländer	200	m	120 €/m	24 000 €
Leiter	40	m	350 €/m	14 000 €
Treppen	30	m	150 €/m	4500 €
Gitterroste	200	m^2	90 €/m^2	18 000 €
Summe				**745 500 €**

Electrical

Das Gewerk E-Technik hat für die Select-Phase ein grobes MTO erstellt.

Tabelle 11.14 *Beispiel E-Technik-Materialkostentabelle*

Beschreibung	Menge	Einheit	EP	GP
Mittelspannungskabel N2XSY 1×300/25 mm^2	3000	m	27 €	81 000 €
Niederspannungskabel NYY-J 5×6 mm^2	9000	m	3 €	27 000 €
Erdungskabel	4500	m	15 €	67 500 €
Kabeltrasse	150	m	80 €	12 000 €
Summe Material				**187 500 €**

Tabelle 11.15 Beispiel E-Technik-Montagekostentabelle

Beschreibung	Menge	Einheit	Std. Satz	Stundenanzahl	GP
Mittelspannungskabel N2XSY 1×300/25 mm^2	3000	m	50 €	0,15	22 500 €
Niederspannungskabel NYY-J 5×6 mm^2	9000	m	50 €	0,12	54 000 €
Erdungskabel	4500	m	50 €	0,1	22 500 €
Kabeltrasse	150	m	50 €	1,1	8250 €
Kabel anschließen	200	Stück	50 €	2	20 000 €
Summe Montagekosten					**127 250 €**

Die Abschätzung der E-Technik-Materialkosten stellt Tabelle 11.14 und der E-Technik-Montagekosten Tabelle 11.15 zusammen.

Instrumentation

Das Gewerk MSR hat für die Select-Phase ein grobes MTO erstellt (für die Einheitspreise (EP) siehe Abschnitt 8.2.3).

Tabelle 11.16 Beispiel MSR-Materialkostentabelle

Beschreibung	Menge	Einheit	EP	GP
Vortex- Transmitter DN50	30	Stck.	2500 €	75 000 €
Pressure- Transmitter	25	Stck.	1500 €	37 500 €
Temperature- Transmitter	80	Stck.	1000 €	80 000 €
Valve DN100	20	Stck.	5500 €	110 000 €
Anzahl der I/Os	200	Stck.	500 €	100 000 €
Single-Cable-Länge	5550	m	2 €	11 100 €
Multi-Core-Cable-Länge	250	m	8 €	2000 €
Summe Material				**415 600 €**

Tabelle 11.17 Beispiel MSR-Montagekostentabelle

Beschreibung	Menge	Einheit	Std. Satz	Stundenanzahl	GP
Vortex- Transmitter DN50	30	Stck.	50 €	3	4500 €
Pressure-Transmitter	25	Stck.	50 €	0,5	625 €
Temperature-Transmitter	80	Stck.	50 €	0,5	2000 €
Valve DN100	20	Stck.	50 €	2	2000 €
Anzahl der I/Os	200	Stck.	110 €	3	66 000 €
Single-Cable-Länge	5550	m	50 €	0,12	33 300 €
Multi-Core-Cable-Länge	250	m	50 €	0,1	1250 €
Kabel anschließen	100	Stück	50 €	2	10 000 €
Summe Montagekosten					**119 675 €**

Die Abschätzung der MSR-Materialkosten stellt Tabelle 11.16 und der MSR-Montagekosten Tabelle 11.17 zusammen.

Zusammenfassung ±30% (Gesamtprojektkosten)
Die ermittelten Kosten können in das Cost-Estimate-Template übertragen werden.

Die Positionen Painting (Anstrich) und Insulation (Isolierung) sind anhand der Rohroberflächen und den Angaben aus der Rohrleitungsliste zu ermitteln. Die Isolierungsanforderung für die Equipments ist der Equipment-Liste zu entnehmen. Für die Orientierung sind Einheitspreise in Abschnitt 4.3.1.5 dokumentiert.

In der Regel werden ±30%-Kostenschätzungen am Ende der Select-Phase erstellt. Die Ist-Kosten Appraise und Select werden entsprechend dem Status berücksichtigt. Für die Define-Phase basieren die Kosten auf Stundenschätzungen der Disziplinen. Detailengineering und alle weiteren Dienstleistungen sind prozentual ermittelt, siehe auch Kapitel 7 und 10.

INFOCLICK
Das bepreiste ±30% Beispiel-Cost-Estimate kann kostenlos über den Onlineservice **InfoClick** aufgerufen werden.

11.1.3 Cost-Estimate-Vergleich

Den Vergleich der verschiedenen Cost-Estimate-Methoden stellt Tabelle 11.18 zusammen.

Tabelle 11.18 *Vergleich der Cost-Estimate-Beispiele*

Genauigkeit	Methode	Total Base [€]	TIC [€]
±50%	Lang-Factor	9 000 000	11 520 000
±50%	Hand-Factor	8 746 254	11 200 000
±30%	Budget Angebote / MTO	9 944 417	11 710 000
±10%	Angebote/MTO	–	–

Auffallend ist, dass der Total-Base-Wert mit der Cost-Estimate-Genauigkeit deutlich ansteigt, jedoch bleibt der TIC-Wert nahezu konstant. Dies liegt an der sich reduzierenden Contingency. Diese kompensiert die Erhöhung der Detailtiefe.

11.2 Softwarebasierte Abschätzung mit Aspen

Auf dem Markt sind verschiedene Kostenschätzungs-Softwareprodukte verfügbar, u.a. von der Firma Aspen die Software «Capital Cost Estimator» oder von der Firma Cost Engineering die Software «Cleopatra». Diese Softwarelösungen bieten die Möglichkeit, die Gesamtprojektkosten für Engineering, Procurement und Construction abzuschätzen. Hierbei gilt es aber zu berücksichtigen, dass die Software in einzelne Module für die entsprechenden Disziplinen und Gewerke aufgeteilt ist, die auf Basis von Modellen arbeiten. Für eine validierte Kostenschätzung sind die Modelle unternehmens- sowie projektspezifisch u.a. mit Korrekturfaktoren anzupassen.

In diesem Abschnitt werden die Equipment-Kosten aus dem vorherigen Beispiel mit «Capital Cost Estimator» vorgestellt. Auf die Abschätzung der übrigen Kosten wird hier verzichtet, da die Anpassung der Modelle zu individuell ist.

Die Equipmentdaten sind der Tabelle 11.1 zu entnehmen. Die Abschätzung der Kolonnenkosten stellt Tabelle 11.19 zusammen.

Tabelle 11.19 *Abschätzung der Kolonnenkosten mit Aspen Capital Cost Estimator*

Name	Material	Gewicht	Gesamtkosten mit Aspen
C-0001	CS (Kolonne) SS 410 (Einbauten)	Kolonne mit Einbauten gemäß Aspen ca. 12 100 kg Gewicht gemäß Aspen inkl. Bühnen & Leitern ca. 22 000 kg	Kolonne inkl. Einbauten = 187 000 € + Bühnen & Leitern (67 000 €) = 254 000 €
Transportkosten mit inkl.			
Gesamtkosten (gerundet)			**254 000 €**

Tabelle 11.20 *Abschätzung der Wärmetauscherkosten mit Aspen Capital Cost Estimator*

Name	Wärmeübertragungsfläche [m^2]	Kosten pro Wärmetauscher mit Aspen
E-0001	130	49 500 €
E-0002	100	45 200 €
E-0003	70	28 000 €
E-0004	450	137 500 €
E-0005	450	137 500€
E-0006	65	31 000 €
E-0007	200	57 300 €
E-0008	200	57 300 €
Transportkosten inkl.		
Gesamtkosten (gerundet)		**543 300 €**

Tabelle 11.21 *Abschätzung der Behälterkosten mit Aspen Capital Cost Estimator*

Name	Material	Gewicht	Gesamtkosten mit Aspen
V-0001	Duplex	5500 kg	130 500 €
Transportkosten mit inkl.			
Gesamtkosten (gerundet)			**130 500 €**

Tabelle 11.22 *Abschätzung der Pumpenkosten mit Aspen Capital Cost Estimator*

Name	Motorleistung [kW]	Kosten pro Pumpe ohne Motor gemäß Aspen	Motorenkosten gemäß Aspen	Kosten pro Pumpe mit Aspen
P-0001	40	148 600 €	7300 €	155 900 €
P-0002	40	148 600 €	7300 €	155 900 €
P-0003	60	183 500 €	7100 €	190 600 €
P-0004	60	183 500 €	7100 €	190 600 €
P-0005	150	262 000 €	26 000 €	288 000 €
P-0006	250	454 800 €	48 000 €	502 800 €
P-0007	250	454 800 €	48 000 €	502 800 €
Transportkosten mit inkl.				
Gesamtkosten (gerundet)		**1 835 800 €**	**150 800 €**	**1 986 600 €**

Tabelle 11.20 dokumentiert die Abschätzung der Wärmetauscherkosten, Tabelle 11.21 fasst die Abschätzung der Behälterkosten und Tabelle 11.22 die Abschätzung der Pumpenkosten zusammen.

Tabelle 11.23 *Zusammenfassung der Equipment-Kosten inklusive Allowances mit Aspen Capital Cost Estimator*

		EP [€]	Allowances 10% (Aspen-Standardeinstellung)	GP [€]
Kolonne	C-0001	254 000	25 400	279 400
Wärmetauscher	E-0001	49 500	4 950	54 450
Wärmetauscher	E-0002	45 200	4 520	49 720
Wärmetauscher	E-0003	28 000	2 800	30 800
Wärmetauscher	E-0004	137 500	13 750	151 250
Wärmetauscher	E-0005	137 500	13 750	151 250
Wärmetauscher	E-0006	31 000	3100	34 100
Wärmetauscher	E-0007	57 300	5730	63 030
Wärmetauscher	E-0008	57 300	5730	63 030
Behälter	V-0001	130 500	13 050	143 550
Pumpen	P-0001	155 900	15 590	171 490
Pumpen	P-0002	155 900	15 590	171 490
Pumpen	P-0003	190 600	19 060	209 660
Pumpen	P-0004	190 600	19 060	209 660
Pumpen	P-0005	288 000	28 800	316 800
Pumpen	P-0006	502 800	50 280	553 080
Pumpen	P-0007	502 800	50 280	553 080

Tabelle 11.23 Zusammenfassung der Equipment-Kosten inklusive Allowances mit Aspen Capital Cost Estimator – Fortsetzung

		EP [€]	Allowances 10% (Aspen Standard Einstellung)	GP [€]
Sperrsystem		Inkl.		
Nachspeiseeinheit		Inkl.		
Summe		**2 914 400**		**3 205 840**

Tabelle 11.24 Gegenüberstellung der Equipment-Kosten (Aspen Capital Cost Estimator mit den Ansätzen aus diesem Buch, vorgestellt in Abschnitt 11.1)

		EP [€] (Aspen)	EP [€] (im Buch vorgestellte Methoden)	Delta (Aspen, im Buch vorgestellte Methoden)	Kommentar
Kolonne	C-0001	254 000	258 727	–4727	Aspen- und Buch-Methode sind gleichauf
Wärmetauscher	E-0001	49 500	51 740	–2240	Aspen- und Buch-Methode sind gleichauf
Wärmetauscher	E-0002	45 200	45 700	–500	Aspen- und Buch-Methode sind gleichauf
Wärmetauscher	E-0003	28 000	38 710	–10 710	Deutliche Unterschiede
Wärmetauscher	E-0004	137 500	92.250	45 250	Deutliche Unterschiede
Wärmetauscher	E-0005	137 500	92.250	45 250	Deutliche Unterschiede
Wärmetauscher	E-0006	31 000	37 440	–6440	Deutliche Unterschiede
Wärmetauscher	E-0007	57 300	63 200	–5900	Aspen- und Buch-Methode sind gleichauf
Wärmetauscher	E-0008	57 300	63 200	–5900	Aspen- und Buch-Methode sind gleichauf
Behälter	V-0001	130 500	159 000	–28 500	Deutliche Unterschiede
Pumpen	P-0001	155 900	39 435	116 465	Deutliche Unterschiede
Pumpen	P-0002	155 900	39 435	116.465	Deutliche Unterschiede
Pumpen	P-0003	190 600	46 528	144 072	Deutliche Unterschiede
Pumpen	P-0004	190 600	46 528	144 072	Deutliche Unterschiede
Pumpen	P-0005	288 000	72 780	215 220	Deutliche Unterschiede
Pumpen	P-0006	502 800	99 648	403 152	Deutliche Unterschiede
Pumpen	P-0007	502 800	99 648	403 152	Deutliche Unterschiede
Sperrsystem 7 Stück		Inkl.	126 000		
Nachspeiseeinheit 1 Stück		Inkl.	30 000		
Summe		**2 914 400**	**1 502.219**	**1 568 181**	

Tabelle 11.23 fasst die Abschätzung aller Equipment-Kosten mit Aspen Capital Cost Estimator zusammen. Die Gegenüberstellung dieser Ergebnisse mit den Ergebnissen aus Abschnitt 11.1 dokumentiert Tabelle 11.24.

Die mit Aspen abgeschätzten Kosten (bei Standardeinstellung für Rotterdam) zeigen bei den Pumpen die größten Abweichungen gegenüber den in diesem Buch vorgestellten Ansätzen. Das entsprechende Modul ist individuell anzupassen.

Weitere Details zu Kapitel 11 sind in [3; 4] zu finden.

12 Benchmarking

In den vorherigen Kapiteln wurde die systematische Erstellung von Kostenschätzungen für Projekte im Projektprozess vorgestellt. Unter einem *Projekt* versteht man hier, dass ein bestimmtes Vorhaben mit begrenzten Ressourcen innerhalb eines festgelegten Zeitraums umgesetzt wird.

Neben der Entwicklung und Definition des Projekts ist es im Projektprozess auch wichtig zu überprüfen, wie das Projekt im Vergleich zum Industriestandard (d. h. zu Projekten mit ähnlichen Eigenschaften aus der Industrie) abschneidet oder im Vergleich zu ähnlichen Projekten, die im eigenen Unternehmen in der Vergangenheit durchgeführt wurden. Diesen Vergleichsprozess nennt man Benchmarking, hierfür wurden eigene Benchmarking-Kriterien entwickelt. In der Regel liegt der Fokus des Benchmarkings auf den Bereichen Planung (Engineering), Kostenschätzung (Cost Estimates) und Terminplanung (Scheduling).

Der Benchmarking-Prozess ist in den Projektprozess integriert und findet vor allem an den Decision Gates (Projektphasenwechsel z. B. von Select nach Define) statt. Dabei wird der Entwicklungsstand des Engineerings im Vergleich zum Benchmark konstruktiv kritisch bewertet. Neben dem Engineering werden auch der Terminplan und die Kostenschätzung des Projektes mit dem Benchmark verglichen. Die Kostenschätzung ist der Schwerpunkt dieses Fachbuchs.

12.1 Definition

Benchmarking ist ein Prozess, bei dem Key Performance Indicators (KPIs) in Organisationen oder Unternehmen verglichen werden. Der Fokus liegt darauf, bewährte Verfahren zu identifizieren, herauszuarbeiten und zu analysieren, um Möglichkeiten zur Steigerung der Unternehmensleistung zu erkennen. Gemäß [72] ist Benchmarking eine Methode, durch die Organisationen von externen Erfahrungen profitieren können. [70] definiert Benchmarking als einen kontinuierlichen Prozess der Verbesserung.

Benchmarking ist also für Organisationen und Unternehmen von essenzieller Bedeutung, insbesondere im Hinblick auf die Optimierung von Abläufen und die Steigerung der Wettbewerbsfähigkeit. Allerdings können auch Projekte, die im Benchmark gut abschneiden, dennoch im weiteren Verlauf massive Scope- und Kostensteigerungen erfahren. Die Erfüllung von Benchmarking-Kriterien ist also kein Garant für ein «problemloses» Projekt.

Beim Vorgehen zum Benchmarking muss man zwischen Verbraucher- und Industriemarkt differenzieren. Während der Verbrauchermarkt Produkte wie Smartphones und Waschmaschinen umfasst, für die Vergleichswerte leicht zugänglich sind (beispielsweise durch Dienste wie idealo, [66]), gestaltet sich die Situation im Industriemarkt deutlich komplexer. Insbesondere für den Anlagenbau sind Benchmarking-Werte im Internet kaum verfügbar.

Für die Industrie sind Benchmarking-Werte unter anderem in folgenden Quellen dokumentiert, welche in der Regel nicht öffentlich verfügbar sind:

- Branchenberichte und Studien
- Fachmesse und Konferenzen
- Netzwerke und Fachgruppen
- Kooperationen mit Universitäten oder Forschungseinrichtungen
- Direkte Partnerschaften
- Berater und Experten wie z.B. der Benchmarkingdienst Independent Project Analysis (IPA) und Fachgesellschaften wie die DECHEMA (Deutsche Gesellschaft für Chemische Technik und Biotechnologie)

- Interne Unternehmensdaten
- Kundenfeedback und -daten

12.2 Engineering, Projektkosten und Terminplan

In Bild 2.1 sowie Tabelle 2.1 (Seite 13) wird der Projektprozess mit den Decision Gates dargestellt. An diesen Gates wird das Engineering, die Kostenschätzung und die Terminplanung konstruktiv kritisch hinterfragt.

Im Projektmanagement konzentriert sich das Benchmarking darauf, ob die Projektziele mit dem veranschlagten Budget (Projektkosten) und dem aufgestellten Zeitplan (Terminplan) eingehalten werden können. Damit wird zwar der interne Projektplan im Blick behalten, es fehlt jedoch ein Abgleich mit externen (objektiven) Kriterien. Objektives Projektbenchmarking hinterfragt die folgenden drei Punkte:

- Engineering: Wie steht es um den Entwicklungsstatus des Engineerings im Vergleich zum Industriestandard? Wie schneiden «Reifegrad» und Qualität des Engineerings im Vergleich zum Industriebenchmark ab?
- Kostenschätzung: Liegt der TIC (Total Invest Cost, Gesamtkosten) bzw. der TBC (Total Base Cost) im Vergleich zum Industriestandard auf einem vergleichbaren Level oder weicht er davon ab?
- Terminplan: Wie verhält sich die Projektdauer im Vergleich zum Industriestandard?

Ein internes Benchmarking kann vom Projektteam in Eigenregie durchgeführt werden. Externes Benchmarking mit den Industriestandards gestaltet sich hingegen objektiv schwierig, da die Industriestandarddaten nicht öffentlich verfügbar sind. In solchen Fällen kann auf Organisationen und externe Dienstleister zurückgegriffen werden.

12.3 Externe Dienstleister

Externe Dienstleister bieten spezialisierte Benchmarking-Dienstleistungen für unterschiedliche Branchen an. Für den Anlagenbau in Industrien wie Öl, Gas und Chemie gibt es hier z. B. mit Independent Project Analysis ein global agierendes Unternehmen. Die angebotenen Leistungen solcher Dienstleister umfassen beispielsweise:

- Projektbewertung: detaillierte Analyse und Bewertung von Projektaspekten
- Benchmarking: Vergleich von Projektleistung und -effizienz mit Branchenstandards
- Risikomanagement: Identifikation und Minimierung potentieller Risiken
- Beratung und Unterstützung: fachkundige Beratung zur optimierten Projektumsetzung
- Forschung und Entwicklung: Förderung von Innovationen durch gezielte Forschungsarbeit
- Personalisierte Analysen: maßgeschneiderte Untersuchungen für spezifische Kundenbedürfnisse

12.4 Projektbenchmarking

Bei Projekten, die beispielsweise auf eine Kapazitätserweiterung abzielen und Planungs-, Beschaffungs- sowie Ausführungskosten umfassen, ist das Projektbenchmarking von entscheidender Bedeutung. Gemäß [65] versteht man darunter die Suche nach Best Practices in diesem Bereich. Dabei unterscheidet man:

- Internes Benchmarking: Hierbei werden Projekte und KPIs innerhalb desselben Unternehmens verglichen.
- Wettbewerber-Benchmarking: Es analysiert, wie Mittbewerber in ähnlichen Projekten agieren und welche Ansätze sie verfolgen.
- Funktions-Benchmarking: Der Fokus liegt auf spezifischen Funktionen oder Prozessen im Projekt.
- Generisches Benchmarking: Hier werden Vergleiche über verschiedene Branchen hinweg durchgeführt, um universell erfolgreiche Praktiken zu identifizieren.

Internes Benchmarking beinhaltet den Vergleich eines aktuellen Projekts mit früheren, ähnlichen Vorhaben des Unternehmens. Dabei werden relevante KPIs analysiert. Internes Benchmarking sollte für jedes Vorhaben unabhängig von der Projektgröße durchgeführt werden. So können kontinuierlich Erkenntnisse gewonnen und die Projektperformance gemessen werden.

Externes Benchmarking bezieht externe Experten ein, um eine objektive Projektbewertung vorzunehmen.

12.5 Ableitung eines Materialbenchmarkingkoeffizienten

Das Projektbenchmarking betrachtet alle Komponenten – Planung (Engineering), Beschaffung (Procurement) und Ausführung (Construction) – in den entsprechenden Projektphasen. Diese ganzheitliche Betrachtung ist essenziell und objektiv, aber auch zeit- und kostenintensiv.

In diesem Abschnitt wird ein Koeffizient hergeleitet, der für die Vorbereitung des internen und externen Benchmarkings als Indikator verwendet werden kann, um aufzuzeigen, wie sich die Gesamtkosten im Vergleich zum Industriestandard verhalten.

12.5.1 Materialbenchmarkingkoeffizient und Lang-Factor

In Kapitel 4 wurde der Lang-Factor-Ansatz vorgestellt. Mithilfe des Lang-Factors können die gesamten Projektkosten über die Equipment-Kosten abgeschätzt werden. Als erste Näherung kann der Lang-Factor-Wert auch als Wert für das Benchmarking verwendet werden. Wenn das Verhältnis der Equipment-Kosten zu den Gesamtkosten oder dem Total Base Cost signifikant den Lang-Factor übersteigt, sollte eine Untersuchung erfolgen, um die Ursache dieser Abweichung zu ermitteln. Ziel ist es sicherzustellen, dass keine unnötigen Ressourcen aufgewendet werden und das Vorhaben nicht zu teuer ist.

Für ein genaueres Benchmarking sollte allerdings ein eigener Materialbenchmarkingkoeffizient bzw. Standardfaktor hergeleitet werden. Dazu wird der folgende Gedankengang angestellt: In Projekten werden neben den Equipments auch noch Bulk-Materialien und Materialien für das Supply & Erect verwendet. Daher wird der Materialbenchmarkingkoeffizient diesbezüglich erweitert und damit als Quotient von den Gesamtkosten oder dem Total Base Cost zu den gesamten Materialkosten definiert.

12.5.2 Bestimmung der Materialkosten und der Gesamtkosten

In Kapitel 6 werden die signifikanten Bestandteile einer Kostenschätzung dokumentiert. Tabelle 6.1 enthält die wichtigsten Faktoren, danach setzten sich die Materialkosten zusammen aus den Kosten für:

- Equipment,
- Bulk-Materialien sowie
- einem Materialanteil aus Supply & Erect.

Während die Kosten für Equipment und Bulk-Materialien direkt der Kostenschätzung entnommen werden können, wird der Materialanteil für Supply & Erect näherungsweise durchschnittlich mit 50 % angenommen.

Die Gesamtkosten können direkt aus der Kostenschätzung entnommen werden.

BEISPIEL

Mit dem Beispiel aus Kapitel 6 ergeben sich folgenden Kosten:

- Equipment: 1 800 000 €
- Bulk-Materialien: 1 400 000 €
- Materialanteil für Supply & Erect 830 000 €

Hiermit folgt für den gesamten Materialanteil 4 030 000 €. Für den Materialbenchmarkingkoeffizieten ergibt sich mit den Gesamtkosten 12 927 400 € der Wert 3,2. Für die Einordnung dieses Werts müssen Vergleichswerte herangezogen werden, wie im folgenden Absatz beschrieben.

12.5.3 Interpretation des Materialbenchmarkingkoeffizienten

Um den Materialbenchmarkingkoeffizienten im zu analysierenden Projekt einordnen zu können, sind interne und externe Benchmarkingwerte als Vergleichswerte erforderlich. Die internen Benchmarkingwerte lassen sich über bereits ausgeführte abgeschlossene Projekte ermitteln.

Um externe Benchmarkingwerte zu generieren, wird empfohlen, einige typische Projekte von externen Dienstleistern benchmarken zu lassen. Dadurch kann man sich externe Erfahrungen zunutze machen, und es können Zielwerte für den Materialbenchmarkkoeffizienten abgeleitet werden.

12.5.4 Materialbenchmarkingkoeffizienten bei verschiedenen Örtlichkeiten und Projekttypen

Die anzustrebenden Werte für einen Materialbenchmarkingkoeffizienten unterschieden sich je nach Örtlichkeit des Projekts. Eine Möglichkeit einer solchen Klassifizierung ist die Unterscheidung nach ISBL, OSBL und Infrastrukturmaßnahmen wie in Bild 12.1 veranschaulicht.

- ISBL (Inside Battery Limits, innerhalb der definierten Anlagengrenzen) bezeichnet Bereiche, in denen lokal eine neue Anlage (Unit) aufgebaut wird. Im Beispiel in Bild 12.1 handelt es sich um eine Raffinerie. Die Integration dieser neuen Units in die vorhandene Infrastruktur wird als Integration in ISBL bezeichnet. Die Kosten hierfür sind bereits im TIC von ISBL berücksichtigt.
- OSBL (Outside Battery Limits, außerhalb der definierten Anlagengrenzen) hingegen beschreibt den Scope, wenn die Anlage auch in andere Bereiche integriert werden muss, z. B. in eine entfernte Unit via Rohrleitung. Die damit verbundenen Kosten werden Regel im TIC für OSBL berücksichtigt.
- Ein weiterer Fall sind Infrastrukturmaßnahmen, z. B. ein Schalthaus mit den entsprechenden Equipments für die elektrische Versorgung. Diese Kosten sind im TIC für Intrastrukturmaßnahmen berücksichtigt.

Damit ergibt sich der TIC für das Projekt aus der Summe der Einzel-TICs der entsprechenden Bereiche bzw. Scopes.

Allerdings hat nicht nur die so definierte Örtlichkeit (ISBL, OSBL etc.) einen signifikanten Einfluss auf die Benchmarkingwerte, sondern es muss auch eine Unterscheidung zwischen Greenfield und Brownfield getroffen werden. Ein Greenfield-Projekt bezeichnet ein Vorhaben, das auf einer «grünen Wiese» aufgebaut wird. Bei einem Brownfield-Projekt handelt es sich um ein Vorhaben, das auf einer existierenden Anlage aufgebaut wird, wie z. B. eine Anlagenerweiterung. Brownfield-Projekte werden daher auch als Erweiterungsprojekte oder Revamp-Projekte bezeichnet. Ein für ein Greenfield-Projekt ermittelter Materialbenchmarkingkoeffizient lässt sich nicht auf ein Brownfield-Projekt anwenden, da z. B. im Brownfield-Projekt u. a. noch Demontagearbeiten anfallen.

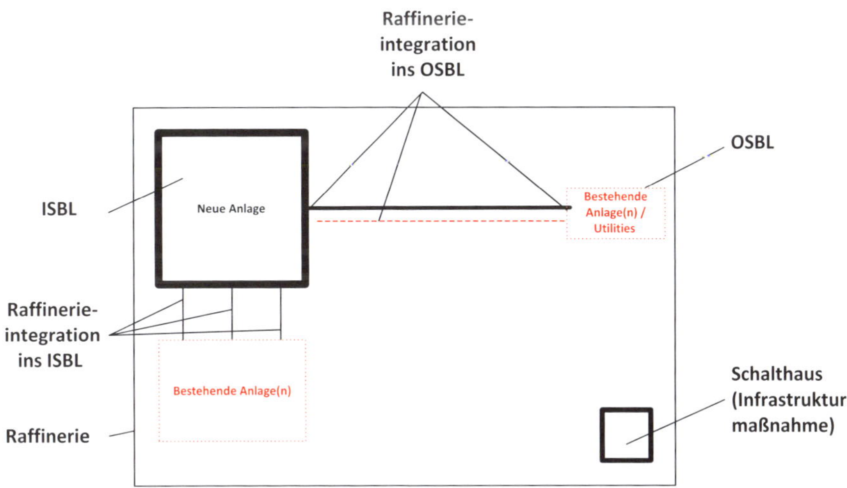

Bild 12.1 *ISBL, OSBL und Infrastrukturmaßnahmen*

Eine formale und strenge Trennung ist zwingend erforderlich, da insbesondere im Anfangsstadium des Projektes unterschiedliche Ansätze verwendet werden, um die einzelnen Kosten abzuschätzen. Um dieser Anforderung gerecht zu werden, ist bei der Bestimmung von Zielwerten für den Materialbenchmarkingkoeffizienten, ähnlich zu verfahren, um den Randbedingungen gerecht zu werden.

12.6 Benchmarkingspezifische Ergänzungen

Benchmarking soll dazu führen, das beste Produkt oder die beste Dienstleistung zu einem realistischen, möglichst geringen Preis zu erwerben. Allerdings sind diese Bestrebungen oft durch Ressourcenbeschränkungen und technische Machbarkeit limitiert. Daher ist Benchmarking essenziell, um die Effizienz in verschiedenen Bereichen zu bewerten und zu verbessern. Im Projektprozess sind die wichtigsten Benchmarking-Aktivitäten in verschiedenen Projektbereichen:

- Planungsprozess (Engineering): Bewertung der Effizienz von Planungs- und Engineeringstrategien
- Beschaffungsstrategie (Procurement): Analyse des Einkaufsprozesses, um Kosteneffizienz und Qualitätssicherung zu maximieren
- Ausführungsstrategie: Überprüfung der Umsetzung und Ausführung von Projekten im Hinblick auf Zeit-, Kosten- und Qualitätsziele

Diese Bereiche sind Schlüsselelemente, um die Gesamtleistung und Wettbewerbsfähigkeit im Anlagenbau zu steigern.

Tabelle 12.1 stellt einige allgemeine Kriterien zum Benchmarking zusammen.

Tabelle 12.1 *Benchmarking-Kriterien*

	Untersuchtes Projekt		Benchmarking
(1)	Engineering des eigenen Projektes (Engineeringqualität)	vs.	Engineering des Projektes im Benchmark
(2)	Projektkosten des eigenen Projektes	$\leq$	Projektkosten im Benchmark
(3)	Dauer des eigenen Projektes	$\leq$	Projektdauer im Benchmark
(4)	Terminplanqualität des eigenen Projektes	$\leq$	Erfüllung der DCMA-Kriterien (siehe u. a. in [74] und [68])

In Bezug auf die Qualität des Engineerings (Kriterium 1) wird u. a. auf [69] und [41] verwiesen. [69] stellt das Project Management Maturity Model (PMMM) vor, das die Reifegradentwicklung im Projektmanagement dokumentiert. [41] konzentriert sich auf die spezifischen Herausforderungen von Industrieprojekten und Lösungsansätze hierzu. Hierbei wird u. a. das Front-End-Loading-Model vorgestellt.

Die Kriterien (2), (3) und (4) sind selbsterklärend und beziehen sich auf Projektkosten, -dauer und Terminplanqualität.

Zusätzlich zu den Materialbenchmarkingkoeffizienten können folgende Näherungsregeln bei der Analyse berücksichtigt werden:

- Office Cost Ratio (Verhältnis der gesamten Engineeringkosten zur Total Base Cost): Für klassische Projekte sollte das Office Cost Ratio unter 20 % liegen.
- Verhältnis Materialkosten zu Installationskosten: Basierend auf [63] ergibt sich ein Verhältnis von Materialkosten zu Installationskosten im Bereich von ca. 0,5 bis 1. Dieser grobe Richtwert verdeutlicht, dass aussagekräftige Benchmarks eine umfangreiche Datengrundlage erfordern.

Es ist insgesamt zu empfehlen, externe Benchmarking-Experten für eine objektive Projektanalyse heranzuziehen. Diese Experten können den Projektscope unter Berücksichtigung der Unternehmensrandbedingungen spezifisch analysieren. Die vorgestellte Methode mit dem Materialbenchmarkingkoeffizienten dient als Indikator für das interne Benchmarking und zur Vorbereitung des externen Benchmarkings. Sollte dieser Koeffizient signifikant von den Erfahrungswerten abweichen, die aus dem internen und externen Benchmarking abgeleitet wurden, wird eine detaillierte Analyse empfohlen, um diese Abweichung zu verstehen. Dadurch kann ein unnötige Ressourcenverbrauch vermieden werden, und das Projekt kann im Einklang mit dem Projektscope wettbewerbsfähig umgesetzt werden.

13 Schlussbetrachtungen und Ausblick

Dieses Handbuch gibt einen Gesamtüberblick zum Thema Kostenschätzungen für Investitionsprojekte im Anlagenbau. Es dokumentiert die Randbedingungen sowie die Voraussetzungen für Kostenschätzungen. Weiterhin werden die essenziellen Key-Planungsdokumente zusammengefasst und die Begleitdokumente der Kostenschätzung wie Estimating-Plan, Basis of Estimate sowie die Key-Quantities-Liste detailliert vorgestellt.

Im zweiten Schwerpunkt wird die Herangehensweise bei der Erstellung von Kostenschätzungen beschrieben. Mit den vorgestellten Ansätzen und Datensätzen wird exemplarisch jeweils ein Beispiel für ±50% und ±30% Cost Estimate abgeschätzt. Zu berücksichtigen gilt hier, dass die herangezogenen Preise auf den jeweiligen Anwender unternehmensspezifisch anzupassen sind.

Das Buch schließt mit einem Kapitel zum Benchmarking ab. Dabei wird der Materialbenchmarkingkoeffizient als Kostenindikator für den internen und externen Projektvergleich eingeführt. Mithilfe dieses Koeffizienten können Projekte mit ähnlichen Projektcharakteristika sowohl innerhalb des Unternehmens als auch extern mit Industrieprojekten verglichen werden. Die Herangehensweise bzw. die Methodik wird im Kapitel 12 beschrieben.

Wie dieses Kostenschätzungs-Handbuch dokumentiert, werden in der Regel aktuell die Kostenschätzungen mit dem klassischen Ansatz: Menge × Preis bestimmt, wobei die Menge ein Output des Engineerings ist und der Preis aus den Angeboten, Einheitspreisen sowie Erfahrungswerten resultiert. Aufgrund der aktuellen Entwicklungen im Bereich der «Künstlichen Intelligenz» ist dieser neue Ansatz vielversprechend, ihn bei der Erstellung von Kostenschätzungen für Investitionsprojekte im Anlagenbau zu nutzen. Diese neue Technologie wurde bereits für Bauprojekte erfolgreich eingesetzt. Kostenschätzungen lassen sich mit diesem neuen Ansatz effizienter und qualitativer (erstellerunabhängig) erstellen. Ein wesentlicher Vorteil hierbei ist, dass sich aus den historischen Kostenschätzungen Muster / Modelle («Learnings») ableiten lassen, die bei Erstellung von neuen Kostenschätzungen Berücksichtigung finden.

Weitere Details zum Kapitel 13 sind in [26; 33; 36; 39; 51] zu finden.

Anhang

A.1 Estimating-Plan-Template

Die nachfolgenden Seiten dokumentieren das Estimating-Plan-Template (Vorlage), das zusätzlich als Originaldatei (Microsoft Word) erworben werden kann. Es dient als allgemeine Vorlage für Projekt-Cost-Estimates. Dieser Estimating-Plan ist entsprechend den Anforderungen (projektspezifisch sowie der Genauigkeit $\pm 50\%$, $\pm 30\%$ oder $\pm 10\%$) anzupassen. Details zu den Anforderungen siehe Kostenschätzungshandbuch.

Alle grau unterlegten Felder müssen projektspezifisch ausgefüllt werden.

Inhalt

Estimating-Plan

Kunde: xxx

Projekt: xxx

Projektnummer: xxx

erstellt von

xxx

am
xxx

Änderungsindex

Rev.	Datum	Beschreibung	Ersteller	Freigeber
x	xx-xx-20xx	xxx	xxx	xxx

1 Projektübersicht

Projektname: xxx
Projektnummer: xxx
Estimate Class: Class 5 oder 4 oder 2
Estimate-Genauigkeit: +/- xx %
Kunde: xxx
Ort: xxx
Währung: xxx
TA - Projekt: xxx
Weitere Ineffizienzen: xxx

Das Cost Estimate wird gemäß Anhang 1 nach Engineering, Procurement und Construction aufgeteilt. Außerdem beschreibt dieser Estimating-Plan die Zuständigkeiten für die Erstellung der benötigten Dokumente.

2 Scope (Leistungsumfang)

Das Projekt hat folgenden Scope:

- Aufstellung von 2 baugleichen Edelstahltanks (1500 m^3 je Tank) aus CS
- Aufstellung von 2 Kolonnen aus Duplex mit 120 m^3 Volumen
- Demontage der vorhandenen Tanks
- Die Bauausführung soll Ende 2019 abgeschlossen sein

In diesem Estimate sind folgende Punkte enthalten oder ausgeschlossen:

x = im Estimate enthalten
Ki = Kundeninformationen
KK = Kundenkosten
n/z = nicht zutreffend

Nr.	Beschreibung	Inkl.	Exkl.	KK
1	Equipment-Kosten (Lieferung, Transport und Installation)	x		
2	Bulk-Material	x		
3	Montagekosten	x		
4	Demontagekosten	x		
5	Kosten und Ineffizienzen im Zusammenhang mit Schichtarbeit		n/z	
6	Baunebenkosten (Krane, Gerüstbau usw.)	x		
7	Kosten für Abfalltrennung und Entsorgung von Baustoffen und Abbruchmaterial (siehe Details bei Bauwesen)	x		
8	Kosten für die Stilllegung und Dekontamination bestehender Anlagenteile		x	KK
9	Temporäre Einrichtungen für das Baustellenteam (Eigentümer, EPCm-Dienstleistungen, Bauunternehmer usw.)	x		
10	Kommunikationskosten, IT-Infrastruktur usw.		x	KK
11	Sicherheitskosten (Umzäunung, Zutrittskontrolle, Pförtner, Parkplatz usw.)		x	KK
12	Suche / Entsorgung vorhandener Sprengstoffe (Kampfmittelräumung)		x	KK
13	Bodenentsorgung und Umweltsanierung sowie Störkantenbeseitigung beim Aushub wie unbekannte Fundamente	x		
14	Grundwasserprobleme		x	KK
15	Brandschutz		x	KK
16	Inbetriebnahme und Ersatzteile		x	KK
17	Kapitalisierbare Ersatzteile gemäß Equipment-Liste		x	KK
18	Kosten für Wartungsgeräte und Werkzeuge		x	KK
19	Erstbefüllungen wie Pumpenöl und Katalysatoren		n/z	
20	Erstbefüllung Chemikalien		x	KK

Nr.	Beschreibung	Inkl.	Exkl.	KK
21	Kosten für Lieferantendienstleistungen vor Ort bis zur mechanischen Fertigstellung		x	KK
22	Kosten für Lieferantendienstleistungen vor Ort nach der mechanischen Fertigstellung für «kalte» sowie «heiße» Inbetriebnahme (Cold-/Hot-Commissioning) und Anfahren der Anlage (Start-up)		x	KK
23	Kosten für die Schulung von Bedienern und Wartungstechnikern		x	KK
24	Planungsaufwand Engineering-Partner in der Appraise-Phase		x	KK
25	Planungsaufwand Engineering-Partner in der Select-Phase	x		
26	Planungsaufwand Engineering-Partner in der Define-Phase	x		
27	Planungsaufwand Engineering-Partner in der Execute-Phase	x		
28	Genehmigungsgebühren		x	KK
29	3rd-Party-Planungsaufwand für Genehmigungen (Authority Approval)		x	KK
30	Brandschutzkonzept		x	KK
31	Sonstige Fremdleistungen, Beratungskosten, Prüfkosten usw. (TÜV)	x		
32	Kundenkosten für Appraise-Phase		x	KK
33	Kundenkosten für Select-Phase		x	KK
34	Kundenkosten für Define-Phase		x	KK
35	Kundenkosten für den Einkauf		x	KK
36	Kundenkosten für Bauleitung usw.		x	KK
37	Kundenkosten für Commissioning und Start-up		x	KK
38	Grunderwerbskosten		n/z	
39	Lizenzgebühren (PDP, Katalysator usw.)		n/z	
40	Versicherungskosten: Construction, Transport, Seetransport usw.		x	
41	Escalation	x		
42	Contingency	x		

3 Aufteilung nach Anlagen, Turnaround und / oder zeitlicher Ausführung

Für dieses Projekt sind die Materialauszüge (MTOs) nach Anlagen, Turnaround (TA) und Ausführungsjahr aufzuteilen:

Anlage	TA Scope	Ausführungszeitraum	Kommentar
Anlage x	JA	2019	TA betrifft nur: – Rohrleitung (Piping) – Mechanik (Mechanical)

4 Preisquellenübersicht

Für die einzelnen Hauptkosten werden folgende Preisquellen herangezogen:

Beschreibung	In-house-Kalkulation	Budget-Angebot	±10%-Angebot	Bestellung	Kommentar
Kolonnen – C-xxx – C-xxx				x	Inkl. Transportkosten zum Aufstellungsort mit Montage vor Ort
Tanks – T-xx A/B –			x		Inkl. Transportkosten zum Aufstellungsort
usw.					
Piping Bulk Material	x				
Piping-Ventile		x			
Piping-Montage / Demontage	x				
usw.					
MSR Bulk	x				
MSR-Ventile / Instrumente		x			
MSR-Programmierung			x		
MSR-Montage / Demontage	x				
usw.					
E-Technik-Equipment		x			
E-Technik Bulk	x				
E-Technik-Montage	x				
usw.					
Kran für Kolonnenaufstellung			x		
Baustelleneinrichtung, Kran (für alle Leistungen neben der Kolonne-naufstellung) & Gerüstbau	x				
usw.					

5 Milestone-Plan

Die Erstellung des Cost Estimates erfolgt nach dem folgenden Milestone-Plan:

Beschreibung	Zuständigkeit	Enddatum	Kommentar
Freigabe des Estimating-Plans durch das Projektteam	Projektleiter	11.01.2018	
– Equipment-Liste – Rohrleitungsliste – Einbindepunkteliste – Rohrleitungs- und Instrumentenfließschemata(s), – Blockflussdiagramm	Verfahrenstechnik	20.02.2018	Mit Projektfreigabe
Aufstellungsplan	Rohrleitungsbau	20.02.2018	Mit Projektfreigabe
Stromlaufplan	E-Technik	20.02.2018	Mit Projektfreigabe
Instrumentenindex	Messen, Steuern, Regeln (MSR)	20.02.2018	Mit Projektfreigabe
Start des Cost Estimates		20.02.2018	
Übersendung der Material Take Offs bzw. Mengenauszüge (MTOs) an Estimating – Rohrleitungsbau – Bauwesen – E-Technik – MSR – Kran & Gerüstbau	Disziplin & Projektleiter	20.02.2018	Mit Projektfreigabe
Endtermin, bis zum Erhalt aller Angebote	Disziplin & Projektleiter	05.03.2018	Mit technischer Überprüfung der Fachgewerke (TBA)
Übergabe der Stundenschätzungen der Gewerke	Disziplin & Projektleiter	07.03.2018	Mit Projektfreigabe
Project Team Review bezüglich Cost and Scope	Estimating	09.03.2018	
Cost Estimate Review mit internen Management	Estimating	15.03.2018	
Übersendung des Cost Estimates an alle Beteiligten	Estimating	19.03.2018	Nach Erhalt der Managementfreigabe

6 Anforderungen an die Gewerke

Grundlegende Anforderungen finden sich im Handbuch. Dies ist je nach Projektphase und Art des Projektes mit den Gewerken abzustimmen.

Mechanical:
xxx

Piping:
MTO mit genau den folgenden Informationen:
Rohrlängen
Nenndurchmesser
Rohrklasse
Aufteilung nach Anlage und Ausführung
Aufteilung nach ISBL/OSBL
Angaben zur Isolierung
Angaben zum Glühen
usw.

Electrical:
xxx

Instrumentierung:
xxx

Civil & Steel:
xxx

Construction Management:
xxx

Engineering:
Stundenschätzung für die nächste Phase (Define-Phase)
Detail & As-built werden prozentual geschätzt

7 Anhang

Anhang 1: Projekt-Cost-Estimate-Summary
Anhang 2: Projekt-Cost-Estimate-Details
Anhang 3: ....

A.2 BoE-Template

Die nachfolgenden Seiten dokumentieren das Basis-of-Estimate(BoE)-Template (Vorlage), das zusätzlich als Originaldatei (Microsoft Word) erworben werden kann. Es dient als allgemeine Vorlage für Projekt-Cost-Estimates. Dieser BoE ist entsprechend den Anforderungen (projektspezifisch sowie der Genauigkeit ±50%, ±30% oder ±10%) anzupassen. Details zu den Anforderungen siehe Kostenschätzungshandbuch.

Alle grau unterlegten Felder müssen projektspezifisch ausgefüllt werden.

Inhalt

Basis of Estimate

Kunde: xxx

Projekt: xxx

Projektnummer: xxx

erstellt von

xxx

am
xxx

Änderungsindex

Rev.	Datum	Beschreibung	Ersteller	Freigeber
x	xx-xx-20xx	xxx	xxx	xxx

1 Projektübersicht

1.1 Projektzusammenfassung

Projektname: xxx
Projektnummer: xxx
Estimate Class: Class 5 oder 4 oder 2
Estimate-Genauigkeit: ±xx%
Kunde: xxx
Ort: xxx
Währung: xxx
TA-Projekt: xxx
Weitere Ineffizienzen: xxx

Estimate Summary:

Bezeichnung	€
Summe der Equipment-Kosten	xxx
Summe der Materialkosten	xxx
Summe der Labour / Subcontracts	xxx
Summe der Engineering&Construction-Management-Kosten	xxx
Total Base Cost	xxx
Spezialkosten wie Capital Spare, spezielle Transportkosten usw.	xxx
Contingency	xxx
Escalation	xxx
TIC	**xxx**

1.2 Scope (Leistungsumfang)

Das Projekt hat folgenden Scope:

- Aufstellung von 2 baugleichen Edelstahltanks (1900 m^3 je Tank)
- Austellung von 2 Kolonnen aus Duplex mit 120 m^3 Volumen
- Demontage der vorhanden Tanks
- Die Bauausführung soll Ende 2019 abgeschlossen sein

In diesem Estimate sind folgende Punkte enthalten oder ausgeschlossen:

x = im Estimate enthalten
Ki = Kundeninformationen
KK = Kundenkosten
n/z = nicht zutreffend

Nr.	Beschreibung	Inkl.	Exkl.	KK
1	Equipment-Kosten (Lieferung, Transport und Installation)	x		
2	Bulk-Material	x		
3	Montagekosten	x		
4	Demontagekosten	x		
5	Kosten und Ineffizienzen im Zusammenhang mit Schichtarbeit		n/z	
6	Baunebenkosten (Krane, Gerüstbau usw.)	x		
7	Kosten für Abfalltrennung und Entsorgung von Baustoffen und Abbruchmaterial (siehe Details bei Bauwesen)	x		
8	Kosten für die Stilllegung und Dekontamination bestehender Anlagenteile		x	KK
9	Temporäre Einrichtungen für das Baustellenteam (Eigentümer, EPCm-Dienstleistungen, Bauunternehmer usw.)	x		
10	Kommunikationskosten, IT-Infrastruktur usw.		x	KK
11	Sicherheitskosten (Umzäunung, Zutrittskontrolle, Pförtner, Parkplatz usw.)		x	KK
12	Suche / Entsorgung vorhandener Sprengstoffe (Kampfmittelräumung)		x	KK
13	Bodenentsorgung und Umweltsanierung sowie Störkantenbeseitigung beim Aushub wie unbekannte Fundamente	x		
14	Grundwasserprobleme		x	KK
15	Brandschutz		x	KK
16	Inbetriebnahme und Ersatzteile		x	KK
17	Kapitalisierbare Ersatzteile gemäß Equipment-Liste		x	KK
18	Kosten für Wartungsgeräte und Werkzeuge		x	KK
19	Erstbefüllungen wie Pumpenöl und Katalysatoren		n/z	
20	Erstbefüllung Chemikalien		x	KK
21	Kosten für Lieferantendienstleistungen vor Ort bis zur mechanischen Fertigstellung		x	KK
22	Kosten für Lieferantendienstleistungen vor Ort nach der mechanischen Fertigstellung für «kalte» sowie «heiße» Inbetriebnahme (Cold-/Hot-Commissioning) und Anfahren der Anlage (Start-up)		x	KK
23	Kosten für die Schulung von Bedienern und Wartungstechnikern		x	KK
24	Planungsaufwand Engineering-Partner in der Appraise-Phase		x	KK
25	Planungsaufwand Engineering-Partner in der Select-Phase	x		
26	Planungsaufwand Engineering-Partner in der Define-Phase	x		

Nr.	Beschreibung	Inkl.	Exkl.	KK
27	Planungsaufwand Engineering-Partner in der Execute-Phase	x		
28	Genehmigungsgebühren		x	KK
29	3rd-Party-Planungsaufwand für Genehmigungen (Authority Approval)		x	KK
30	Brandschutzkonzept		x	KK
31	Sonstige Fremdleistungen, Beratungskosten, Prüfkosten (TÜV) usw.	x		
32	Kundenkosten für Appraise-Phase		x	KK
33	Kundenkosten für Select-Phase		x	KK
34	Kundenkosten für Define-Phase		x	KK
35	Kundenkosten für den Einkauf		x	KK
36	Kundenkosten für Bauleitung usw.		x	KK
37	Kundenkosten für Commissioning und Start-up		x	KK
33	Grunderwerbskosten		n/z	
39	Lizenzgebühren (PDP, Katalysator usw.)		n/z	
40	Versicherungskosten: Construction, Transport, Seetransport usw.		x	
41	Escalation	x		
42	Contingency	x		

Besondere Aufmerksamkeit gilt folgenden Punkten:

- xxxx

1.3 Verwendete Dokumente

- P&IDs, Rev. X, Dokumenten-Nr. xxxxx, Datum xx.xx.xxxx
- Plot-Plan, Rev. X, Dokumenten-Nr. xxxxx, Datum xx.xx.xxxx
- Isometrien, Rev. X, Dokumenten-Nr. xxxxx, Datum xx.xx.xxxx
- Key-One-Line-Diagramm, Rev. X, Dokumenten-Nr. xxxxx, Datum xx.xx.xxxx
- MTO Civil, Rev. X, Dokumenten-Nr. xxxxx, Datum xx.xx.xxxx
- MTO E-Technik, Rev. X, Dokumenten-Nr. xxxxx, Datum xx.xx.xxxx
- MTO Instrumentation, Rev. X, Dokumenten-Nr. xxxxx, Datum xx.xx.xxxx
- MTO Piping, Rev. X, Dokumenten-Nr. xxxxx, Datum xx.xx.xxxx
- MTO Kran & Gerüstbau, Rev. X, Dokumenten-Nr. xxxxx, Datum xx.xx.xxxx
- Angebot für die Tanks T-xx A/B von der Firma xx, Angebots-Nr. xxx, Datum xx.xx.xxxx
- usw.

2 Preisquellenübersicht

Folgende Preisquellen sind für dieses Projekt-Cost-Estimate berücksichtigt worden.

Beschreibung	In-house-Kalkulation	Budget-Angebot	±10% Angebot	Bestellung	Kommentar
Kolonnen – C-xxx – C-xxx				x	Inkl. Transportkosten zum Aufstellungsort mit Montage vor Ort
Tanks – T-xx A/B –			x		Inkl. Transportkosten zum Aufstellungsort
Equipment-Montage	x				Außer für C-xxx
usw.					
Piping-Bulk-Material	x				
Piping-Ventile		x			
Piping-Montage / Demontage	x				
usw.					
MSR Bulk	x				
MSR-Ventile / Instrumente		x			
MSR-Programmierung			x		
MSR-Montage / Demontage	x				
usw.					
E-Technik Equipment		x			
E-Technik Bulk	x				
E- Technik Montage	x				
usw.					
Kran für Kolonnenaufstellung			x		
Baustelleneinrichtung, Kran (für alle Leistungen neben der Kolonnenaufstellung) & Gerüstbau	x				Mengenermittlung über CM
usw.					

3 Änderungen zur Vorphase / Vorrevision

3.1 Neubewertung (Neue Angebote und/oder neues MTO)

Gegenüber der Vorphase (Rev. B, ±30% Cost Estimate) / Vorrevision sind für folgende Gewerke neue MTOs erstellt worden, ohne relevante Scope-Änderungen:

- Civil
- Piping
- usw.

3.2 Scope-Reduzierung

Gegenüber der Vorphase (Rev. B, ±30% Cost Estimate) / Vorrevision sind für folgende Gewerke neue MTOs erstellt worden. Folgende Punkte führten zu relevanten Scope-Änderungen:

- Civil
  - Verstärkungsmaßnahmen an den Rohrbrücken 1 und 3 sind entfallen. Ca. 50 t Stahlbau => ca. xxx.xxx € Kostenreduzierung (als TIC bewertet)
- Piping
- usw.

3.3 Scope-Erweiterung

Gegenüber der Vorphase (Rev. B, ±30% Cost Estimate) / Vorrevision sind für folgende Gewerke neue MTOs erstellt worden. Folgende Punkte führten zu relevanten Scope-Erweiterungen:

- Civil
- Piping
  - Das Einbinden in das Fackelsystem kann nicht direkt in der Anlage erfolgen. Für ca. 4 Einbindepunkte müssen die Leitungen in CS mit DN200 um ca. 500 m verlänger werden => direkte zusätzliche Kosten ca. xxx.xxx € (als TIC bewertet)
- usw.

4 Aufteilung nach Anlagen, Turnaround und / oder zeitlicher Ausführung

Für dieses Projekt sind die Materialauszüge (MTOs) nach Anlagen, Turnaround (TA) und Ausführungsjahr aufzuteilen:

Anlage	TA Scope	Ausführungszeitraum	Kommentar
Anlage x	JA	2019	TA betrifft nur: – Rohrleitung (Piping) – Mechanik (Mechanical)

5 Terminschiene

Die signifikantesten Termine für dieses Projekt (Projekt ist in der Select-Phase) sind:

Termin	Datum	Kommentar
Start Define Engineering	xx.xx.20xx	
Start Detail Engineering	xx.xx.20xx	
Bestellung der Long Lead Items	xx.xx.20xx	
usw.		
Baubeginn	xx.xx.20xx	
Equipment-Lieferung	xx.xx.20xx	
usw.		
Start Piping Pre-Fabrication	xx.xx.20xx	
Start Piping&Mechanical-Arbeiten in Turnaround	xx.xx.20xx	
usw.		
Mechanical Completion	xx.xx.20xx	
RFSU	xx.xx.20xx	

6 Miscellaneous

6.1 Allowances (Zuschläge)

Für dieses Projekt sind für die Gewerke folgende MTO / Design Allowances berücksichtigt:

Gewerk /Kostenposition	MTO / Design Allowances	Kommentar
Kolonne	10%	
Piping	15%	
Civil & Steel	15%	
MSR	15%	
E-Technik	15%	
Isolierung	15%	
Anstrich	15%	
Kran & Gerüstbau	0%	Prozentual abgeschätzt

6.2 Turnaround Allowances

Turnaround Allowances sind für folgende Leistungen berücksichtigt:

Gewerk / Kostenposition	TA Allowances	Kommentar
Montage von Equipment	25%	100% TA - Scope
Piping Montage	25%	100% TA - Scope
Civil & Steel	10%	Teilweise TA - Scope
MSR	10%	Teilweise TA - Scope
E-Technik	10%	Teilweise TA - Scope
Alle Demontageleistungen	25%	100% TA - Scope
Isolierung		Kein TA - Scope
Anstrich		Kein TA - Scope
Kran & Gerüstbau	25%	100% TA - Scope

6.3 Zweite-Schicht- und Wochenendarbeitszuschläge (Überstunden)

Folgende Zuschläge sind im Stundensatz berücksichtigt, um Leistungen außerhalb der Regelarbeitszeit mit abzudecken:

Gewerk / Kostenposition	Zweite-Schicht-Zuschlag	Samstagszuschläge	Samstags- und Sonntagszuschläge
Equipment-Montage	18%		
Piping-Montage	18%		
Civil & Steel	0%		
MSR	0%		
E-Technik	0%		
Alle Demontageleistungen	18%		
Isolierung	0%		
Anstrich	0%		
Kran & Gerüstbau	18%		

6.4 Contingency

Die Contingency ist wie folgt berechnet: xxx

6.5 Escalation

Der Escalationwert beträgt xxx.xxx €. Details siehe Anhang 2, Escalation-Kalkulation.

7 Informationen über die Gewerke (Annahmen und Voraussetzungen)

Gewerkspezifische Annahmen sowie Voraussetzungen sind wie folgt dokumentiert. Grundlegende Anforderungen sind im Handbuch beschrieben.

7.1 Stundensätze

Für folgende Gewerke sind die Stundensätze aus der folgenden Tabelle verwendet worden:

Gewerk	Stundensatz
Equipment-Montage	XX €
Piping-Montage / -Demontage	XX €
E-Technik	XX €
MSR	XX €
Civil & Steel	XX €
Gerüstbau	XX €

7.2 Equipment

7.3 Piping

MTO mit genau den folgenden Informationen:

- Rohrlängen
- Nenndurchmesser
- Rohrklasse
- Aufteilung nach Anlage und Ausführung (siehe Kapitel 4 im Basis of Estimate)
- Aufteilung nach ISBL/OSBL
- Angaben zur Isolierung
- Angaben zum Glühen
- usw.

7.2 E-Technik

7.5 MSR

7.6 Civil & Steel

Das vorhandene Fundament für die neue Kolonne C-xxx kann die Last inkl. Druckprobe von ca. 50 t tragen.

7.7 Anstrich und Isolierung

7.8 Baustelleneinrichtungen sowie Kran & Gerüstbau

7.9 Demontageleistungen

8 Engineering

8.1 Hauptkontraktor

Für den Hauptkontraktor sind die Planungskosten wie folgt berücksichtigt:

Phase/ Leistung	Beschreibung
Appraise	Keine Leistung erbracht
Select	Basiert auf Ist-Kosten
Define	Basiert auf Stundenschätzung der Gewerke
Detail-Engineering	Basiert auf prozentualer Einschätzung
As-built	Basiert auf prozentualer Einschätzung
Procurement (Einkauf)	Basiert auf prozentualer Einschätzung
Construction Management inkl. – Construction Manager – Safety Manager – Supervision für Civil & Steel, Piping, xxx – Gerüstbau Supervisor – Field Engineering – Terminplaner – xxx	Basiert auf prozentualer Einschätzung
Commissioning Management	Kundenkosten

8.2 3rd Party

Folgende 3rd-Party-Leistungen sind berücksichtigt:

- Prüfstatiker
- TÜV-Kosten
- Vermessungskosten
- Emissionsschutzgutachten
- Beprobungskosten
- Standsicherheitsnachweise

All diese Kosten basieren auf Erfahrungswerten.

8.3 Kundenkosten

Kundenkosten sind nicht mit enthalten. Diese muss der Kunde selbstständig bewerten und in der Kostenschätzung komplettieren. Dazu gehören:

- Kundenprojektmanagementkosten
- Kosten für das Abstellen und Herunterfahren der Anlagen
- Kosten für die Baustelle IT-Infrastruktur
- Jegliche Kosten für die Kampfmittelräumung
- Behördenkosten
- Versicherungskosten (Construction, Transport usw.)
- Lagermanagement
- usw.

9 Anhang

Anhang 1: Projekt-Cost-Estimate
Anhang 2: Projekt-Escalation-Table
Anhang 3: Projekt-Key-Quantities
Anhang 4: Angebot der Tanks
Anhang 5: MTO-Piping
Anhang 6: usw.

A.3 Cost-Estimate-Template

Die nachfolgenden Seiten zeigen das Cost-Estimate-Template (Vorlage), das zusätzlich als Originaldatei erworben werden kann. Es dient als allgemeine Vorlage für Projekte. Dieses Cost-Estimate-Template muss entsprechend der Anforderungen (projektspezifisch sowie der Genauigkeit ±50%, ±30% oder ±10%) angepasst werden. Details zu den Anforderungen siehe Kostenschätzungshandbuch.

Das Template selbst ist in Microsoft® Excel aufgebaut und gliedert sich in 5 Register:

Register 1: Titel (Deckblatt) (Seite 138 des Kostenschätzungshandbuches)
Register 2: Revision Index (Änderungsindex) (Seite 139 des Kostenschätzungshandbuches)
Register 3: Summary (Zusammenfassung) (Seite 140 des Kostenschätzungshandbuches)
Register 4: Details (Seite 144 des Kostenschätzungshandbuches)
(Detaillierung der Kostenschätzung)
Register 5: Comparison (Seite 147 des Kostenschätzungshandbuches)
(Vergleich mit der Vorphase des Projektes usw.)

Eine Erläuterungs- sowie eine Beispieldatei stehen für das Cost-Estimate-Template mit der Originaldatei für die Orientierung zur Verfügung.

Cost-Estimate-Template

Client: xxx

Project name: xxx

Project number: xxx

Prepared by

xxx

Date

xxx

Revision Index

Rev.	Date	Description	Prepared by	Approved by
x	xx-xx-20xx	xxx	xxx	xxx

Cost-Estimate-Summary

General Project Data			
Client:	xxx	**Date:**	xx.xx.20xx
Project name:	xxx	**Project number:**	xxx
Currency:	xxx	**Rev.:**	xxx
Cost-Estimate-Accuracy:	xxx	**Project Phase:**	xxx

Cost-Estimate-Summary (Section 1 of 3 Sections)

Account Code	Description	Total Manhours	Pieces	Total Cost [€]	% of Total Base	% of Equipment
1.000	Vessels			0		
1.100	Columns			0		
1.200	Reactors			0		
1.300	Heat exchangers			0		
1.400	Furnace equipment			0		
1.500	Package units			0		
1.600	Compressors			0		
1.700	Blowers and Fans			0		
1.800	Pumps			0		
1.900	Miscellaneous equipment			0		
	Sum of Equipment		**0**	**0**	**0%**	**0%**
2.000	Piping			0		
3.000	Instrumentation			0		
4.000	Electrical			0		
5.000	Other			0		
	Sum of Material			**0**	**0%**	**0%**
6.000	Piping installation Labour / Subcontract	0		0		
7.000	Instrumentation installation Labour / Subcontract	0		0		
8.000	Electrical installation Labour / Subcontract	0		0		
9.000	Civil	0		0		
10.000	Steel	0		0		
11.000	Installation of equipment	0		0		
12.000	Demolition	0		0		
13.000	Painting	0		0		
14.000	Insulation	0		0		
15.000	Temporary facilities incl. Crane & Scaffolding			0		
	Sum of Labour / Subcontracts	**0**		**0**	**0%**	**0%**

Cost-Estimate-Summary (Section 2 of 3 Sections)						
Account Code	**Description**	**Total Manhours**	**Pieces**	**Total Cost [€]**	**% of Total Base**	**% of Equipment**
16.000	Engineering main Contractor FEL1	0		0		
17.000	Engineering main Contractor FEL 2	0		0		
18.000	Engineering main Contractor FEL 3	0		0		
19.000	Engineering main Contractor Detail	0		0		
20.000	Engineering main Contractor Procurement	0		0		
21.000	Engineering main Contractor As-built	0		0		
22.000	Engineering main Contractor CM	0		0		
23.000	Engineering main Contractor Commissioning & Start-up	0		0		
24.000	Other 3rd Party FEL-1	0		0		
25.000	Other 3rd Party FEL-2	0		0		
26.000	Other 3rd Party FEL-3	0		0		
27.000	Other 3rd Party Detail	0		0		
28.000	Other 3rd Party Commissioning & Start-up	0		0		
29.000	Client cost FEL-1	0		0		
30.000	Client cost FEL-2	0		0		
31.000	Client cost FEL-3	0		0		
32.000	Client cost Detail	0		0		
33.000	Client cost Procurement	0		0		
34.000	Client cost CM	0		0		
35.000	Client cost Commissioning & Start-up	0		0		
	Sum of Engineering & CM	**0**		**0**	**0%**	**0%**
	Total Base	**0**	**0**	**0**	**0%**	**0%**
36.000	Capital spares			0		
37.000	Vendor representative			0		
38.000	Insurances			0		
39.000	Special Transport			0		
40.000	Normal Contingency	0%	0	0		
41.000	Risk Contingency					
42.000	Escalation		0	0		
43.000	Other					

Cost-Estimate-Summary (Section 3 of 3 Sections)						
Account Code	**Description**	**Total Manhours**	**Pieces**	**Total Cost [€]**	**% of Total Base**	**% of Equipment**
	Round			0		
	Total Invest Cost (TIC)			**0**	**0%**	**0%**

Remarks	

Approvals			
Function	**Name**	**Signature**	**Date**

Additional information	
Lang factor:	0,00
Engineering Cost Ratio	0,0%
Material Cost Ratio	0,00
Av. MTO Allowances %	0%
Sum of MTO Allowances	0 €

Cost Estimate Details

Die folgende Übersicht beschreibt den prinzipiellen Aufbau des Cost-Estimate-Detail-Sheets, das auf den nachfolgenden Seiten auszugsweise abgebildet ist. Der vollständige Aufbau des Templates kann über den kostenlosen Onlineservice InfoClick als PDF-Datei heruntergeladen werden.

Generell Project Data (s. Seite 144) ▪ Client ▪ Date ▪ Project name ▪ Project number ▪ Currency ▪ Rev. ▪ Cost-Estimate-Accuracy ▪ Project phase				
Generell Scope Data & Scope Description **(s. Seite 144)** ▪ Account Code Material ▪ Account Code Labour ▪ TA % ▪ 2nd shift % ▪ Saturday % ▪ Sunday % ▪ Year of Execution ▪ Price Source ▪ Attachment ▪ Discipline / Description – Eqipment – Piping – Instrumentation etc. ▪ Material ▪ Weight ▪ DN ▪ Power in kW ▪ Quantity ▪ Unit	**Material** **(s. Seite 145)** ▪ Unit Price [€] ▪ Subtotal Price [€] ▪ Design / MTO Allowances ▪ Summary of Allowance [€] ▪ Total Material Price [€]	**Labour** **(s. Seite 145)** ▪ Hours per Unit [hr.] ▪ Hourly Rate [€] ▪ Subtotal Price in [€] ▪ Design / MTO Allowances [%] ▪ Summary of Allowances [€] ▪ Total Labour Price [€] ▪ Total Hours	**Contracts** **(s. Seite 146)** ▪ Unit Price [€] ▪ Subtotal Price [€] ▪ Design / MTO Allowances [%] ▪ Summary of Allowances [€] ▪ Total Contract Price [€] ▪ Hours of Contracts	**Subsummary** **(s. Seite 146)** ▪ Total Sum [€] ▪ (%) Total Base Cost

Cost-Estimate-Summary

General Project Data			
Client:	xxx	**Date:**	xx.xx.20xx
Project name:	xxx	**Project number:**	xxx
Currency:	xxx	**Rev.:**	xxx
Cost-Estimate-Accuracy:	xxx	**Project Phase:**	xxx

Review of Total Sum in Detail Register with the Total Sum in Summery Register	
Total Sum in Detail Register	0
Total Sum in Summary Register	0
Delta	0

General Scope Data									Scope Description						
Account Code Material	Account Code Labour	TA %	2nd shift %	Saturday %	Sunday %	Year of Execution	Price source	Attachment	Discipline/ Description	Material	Weight	DN	Power in kW	Quantity	Unit
									Equipment						
									Vessels						
1.000	11.000	50%	10%	20%	30%										
1.000	11.000														
1.000	11.000														
									Columns						
1.100	11.000														
1.100	11.000														
1.100	11.000														

Material					Labour						
Unit Price [€]	Subtotal Price [€]	Design / MTO Allowances [%]	Summary of Allowances [€]	Total Material Price [€]	Hours per Unit [hr.]	Hourly Rate [€]	Subtotal Price [€]	Design / MTO Allowances [%]	Summary of Allowances [€]	Total Labour Price [€]	Total Hours
	0		0	0		55	0		0	0	0
	0		0	0		55	0		0	0	0
	0		0	0		55	0		0	0	0
	0		0	0		55	0		0	0	0
	0		0	0		55	0		0	0	0
	0		0	0		55	0		0	0	0
	0		0	0		55	0		0	0	0
	0		0	0		55	0		0	0	0
	0		0	0		55	0		0	0	0
	0		0	0		55	0		0	0	0
	0		0	0		55	0		0	0	0
	0		0	0		55	0		0	0	0
	0		0	0		55	0		0	0	0

Contracts						Subsummary	
Unit Price [€]	Subtotal Price [€]	Design / MTO Allowances [%]	Summary of Allowances [€]	Total Contract Price [€]	Hours of Contracts	Total Sum [€]	% of Total Base Cost
	0		0	0	0	0	#DIV/0!
	0		0	0	0	0	#DIV/0!
	0		0	0	0	0	#DIV/0!
	0		0	0	0	0	#DIV/0!
	0		0	0	0	0	#DIV/0!
	0		0	0	0	0	#DIV/0!
	0		0	0	0	0	#DIV/0!
	0		0	0	0	0	#DIV/0!
	0		0	0	0	0	#DIV/0!
	0		0	0	0	0	#DIV/0!

General Project Data			
Client:	xxx	**Date:**	xx.xx.20xx
Project name:	xxx	**Project number:**	xxx
Currency:	xxx	**Rev.:**	xxx
Cost-Estimate-Accuracy:	xxx	**Project Phase:**	xxx

Cost-Estimate-Comparison (Section 1 of 3 Sections)								
Account Code	**Description**	**Total Manhours**	**Pieces**	**Total Cost [€]**	**Total Cost [€] Previous**	**Delta €**	**Delta %**	**Comments**
1.000	Vessels		0	0		0		
1.100	Columns		0	0		0		
1.200	Reactors		0	0		0		
1.300	Heat exchangers		0	0		0		
1.400	Furnace equipment		0	0		0		
1.500	Package units		0	0		0		
1.600	Compressors		0	0		0		
1.700	Blowers and Fans		0	0		0		
1.800	Pumps		0	0		0		
1.900	Miscellaneous equipment		0	0		0		
	Sum of Equipment		**0**	**0**	**0**	**0**		
2.000	Piping			0		0		
3.000	Instrumentation			0		0		
4.000	Electrical			0		0		
5.000	other			0		0		
	Sum of Material			**0**	**0**	**0**		
6.000	Piping installation Labour / Subcontract	0		0		0		
7.000	Instrumentation installation Labour / Subcontract	0		0		0		

Cost-Estimate-Comparison (Section 2 of 3 Sections)								
Account Code	**Description**	**Total Manhours**	**Pieces**	**Total Cost [€]**	**Total Cost [€] Previous**	**Delta €**	**Delta %**	**Comments**
8.000	Electrical installation Labour / Subcontract	0		0		0		
9.000	Civil	0		0		0		
10.000	Steel	0		0		0		
11.000	Installation of equipment	0		0		0		
12.000	Demolition	0		0		0		
13.000	Painting	0		0		0		
14.000	Insulation	0		0		0		
15.000	Temporary facilities incl. Crane & Scaffolding	0		0		0		
	Sum of Labour / Subcontracts	**0**		**0**	**0**	**0**		
16.000	Engineering main Contractor FEL 1	0		0		0		
17.000	Engineering main Contractor FEL 2	0		0		0		
18.000	Engineering main Contractor FEL 3	0		0		0		
19.000	Engineering main Contractor Detail	0		0		0		
20.000	Engineering main Contractor Procurement	0		0		0		
21.000	Engineering main Contractor As-built	0		0		0		
22.000	Engineering main Contractor CM	0		0		0		
23.000	Engineering main Contractor Commissioning & Start-up	0		0		0		
24.000	Other 3rd Party FEL-1	0		0		0		
25.000	Other 3rd Party FEL-2	0		0		0		
26.000	Other 3rd Party FEL-3	0		0		0		
27.000	Other 3rd Party Detail	0		0		0		

Cost-Estimate-Comparison (Section 3 of 3 Sections)								
Account Code	**Description**	**Total Manhours**	**Pieces**	**Total Cost [€]**	**Total Cost [€] Previous**	**Delta €**	**Delta %**	**Comments**
28.000	Other 3rd Party Commissioning & Start-up	0		0		0		
29.000	Client cost FEL-1	0		0		0		
30.000	Client cost FEL-2	0		0		0		
31.000	Client cost FEL-3	0		0		0		
32.000	Client cost Detail	0		0		0		
33.000	Client cost Procurement	0		0		0		
34.000	Client cost CM	0		0		0		
35.000	Client cost Commissioning & Start-up	0		0		0		
	Sum of Engineering & CM	**0**		**0**	**0**	**0**		
	Total Base	**0**	**0**	**0**	**0**	**0**		
36.000	Capital spares			0		0		
37.000	Vendor representative			0		0		
38.000	Insurances			0		0		
39.000	Special Transport			0		0		
40.000	Normal Contingency	0%	0	0		0		
41.000	Risk Contingency			0		0		
42.000	Escalation		0	0		0		
43.000	Other			0		0		
				0		0		
	Round			0		0		
	Total Invest Cost (TIC)			**0**	**0**	**0**		

A.4 Key-Quantities-Template

Die nachfolgenden Seiten dokumentieren das Key-Quantities-Template (Vorlage), das zusätzlich als Originaldatei (Microsoft Word) erworben werden kann. Diese dient als allgemeine Vorlage für Projekt-Cost-Estimates. Die Key-Quantities-Dokumentation ist entsprechend den projektspezifischen Gegebenheiten auszufüllen. Details zu den Anforderungen siehe Kostenschätzungshandbuch.

Alle grau unterlegten Felder müssen projektspezifisch ausgefüllt werden.

Das Template selbst ist in Microsoft Excel aufgebaut und gliedert sich in die Register:

Register 1: Titel (Deckblatt)
Register 2: Änderungsindex
Register 3: Key-Quantities

Key-Quantities

Kunde: xxx

Projekt: xxx

Projektnummer: xxx

erstellt von

xxx

am
xxx

Änderungsindex

Rev.	Datum	Beschreibung	Ersteller	Freigeber
x	xx-xx-20xx	xxx	xxx	xxx

Allgemeine Projektdaten			
Kunde:	xxx	**Estimate-Stand:**	xx.xx.20xx
Projektname:	xxx	**Einkaufsbeginn:**	xx.xx.20xx
Projektnummer:	xxx	**Baubeginn:**	xx.xx.20xx
Cost-Estimate-Genauigkeit	xxx	**Bauende:**	xx.xx.20xx

Disziplin	Nummer	Cost Driver Beschreibung	Unit	+/-50% Cost Estimate	+/-30% Cost Estimate	+/-10% Cost Estimate	Bemerkung
Verfahrenstechnik							
	1	PFDs	Stück				
	2	R&Is	Stück				
	3	Datenblätter	Stück				
Behördenengineering							
	1	Ja /Nein					
Equipment							
	1	Anfragen	Stück				
	2	Package Units	Stück				
	3	Neue Equipment	Stück				
	4	Equipment modifiziert	Stück				
	5	Anzahl Equipment Demontage	Stück				
Bauwesen							
	1	Zeichnungen	Stück				
		Abruch					
	2	Beton	m^3				
	3	Treppen & Leitern	m				
	4	Stahlbau	Tonnage				
		Neu					
	5	Beton	m^3				
	6	Bewehrung	Tonnage				
	7	Aushub	m^3				
	8	Verbau	m^2				
	9	Treppen & Leitern	Tonnage				
	10	Stahlbau	Tonnage				
	11	Kabelgraben	m^3				
	12	Brandschutz (am Stahlbau)	m^2				
	13	Brandschutz (am Rahmen von Kolonnen usw.)	m^2				

Disziplin	Nummer	Cost Driver Beschreibung	Unit	+/-50% Cost Estimate	+/-30% Cost Estimate	+/-10% Cost Estimate	Bemerkung
Rohrleitungsbau							
	1	Anfragen	Stück				
	2	Anzahl der Einbindepunkte	Stück				
	3	Anzahl der Isometrien	Stück				
	4	Anzahl der Leitungen (Neu oder Modifiziert)	Stück				
	5	Anzahl der zu demontierenden Leitungen	Stück				
	6	Rohrlänge	m				
	7	Gewicht der gesamten Rohrleitung (inkl. Bögen, T-Stücke, Flansche & Ventile)	Tonnage				
	8	Anzahl der gesamten Rohrleitungen (inkl. Bögen, T-Stücke, Flansche)	Stück				
	9	Anzahl der Ventile	Stück				
	10	Mittlerer Durchmesser der Rohrleitung					
MSR							
	1	Block Diagrams (Konzepte)	Stück				
	2	Lay-out Drawings	Stück				
	3	Anfragen	Stück				
	4	Digital I/O	Stück				
	5	Analog I/O	Stück				
	6	Neue Instrumente (ohne Ventile)	Stück				
	7	Neue Ventile	Stück				
	8	Anzahl der zu demontierenden Ventile	Stück				
	9	Loops	Stück				
	10	Instrument Kabel (Multicore)	m				
	11	Instrument Kabel (Singlecore)	m				

Disziplin	Nummer	Cost Driver Beschreibung	Unit	+/-50% Cost Estimate	+/-30% Cost Estimate	+/-10% Cost Estimate	Bemerkung
E-Technik							
	1	Einliniendiagramm	Stück				
	2	Anfragen	Stück				
	3	E-Technik-Equipment	Stück				
	4	Gesamtkabellänge	m				
	5	Anzahl der Verbraucher	Stück				
	6	Begleitheizungslänge	m				
	7	Gesamtleistung	kW				
Einkauf							
	1	Anfragen	Stück				
	2	Anzahl der Verträge	Stück				

Kommentar:	

A.5 Escalation-Template

Die nachfolgenden Seiten dokumentieren das Escalation-Template (Vorlage), das zusätzlich als Originaldatei erworben werden kann. Dies dient als allgemeine Vorlage für Projekt-Cost-Estimates. Die Escalation-Bestimmung ist entsprechend den projektspezifischen Gegebenheiten auszufüllen. Details zu den Anforderungen siehe Kostenschätzungshandbuch.

Alle grau unterlegten Felder müssen projektspezifisch ausgefüllt werden. Das Template selbst ist in Microsoft Excel aufgebaut und gliedert sich in drei Register:

Register 1: Titel (Deckblatt)
Register 2: Änderungsindex
Register 3: Escalation

Escalation

Kunde: xxx

Projektname: xxx

Projektnummer: xxx

erstellt von

xxx

am
xxx

Änderungsindex

Rev.	Datum	Beschreibung	Ersteller	Freigeber
x	xx-xx-20xx	xxx	xxx	xxx

Allgemeine Projektdaten			
Kunde:	xxx	**Estimate-Stand:**	xx.xx.20xx
Projektname:	xxx	**Einkaufsbeginn:**	xx.xx.20xx
Projektnummer:	xxx	**Baubeginn:**	xx.xx.20xx
Cost-Estimate-Genauigkeit	xxx	**Bauende:**	xx.xx.20xx

Bestimmung der Escalation								
		Projektausgaben						
		Jahr	**20XX**	**20XX**	**20XX**	**20XX**	**20XX**	**Summe**
		Zukünftige Projektausgaben in den entsprechenden Jahren						**0 €**
		Angabe der Escalation in % pro Jahr sowie Aufteilung der Projektausgaben nach Labour, Material, Engineering und CM						
		Labour						
Escalation in % pro Jahr	2%	Rahmenvertragspartner:						**0 €**
	2%	Freier Markt Ausschreibung:						**0 €**
		Material						
	2%	Exotisches Material						**0 €**
	2%	Standard Material						**0 €**
		Engineering und CM						
	2%	Engineering						**0 €**
	2%	CM						**0 €**
		Überprüfung der gesamten Projektausgaben mit der Aufteilung der Projektausgaben nach Labour, Material, Engineering und CM						**0 €**
		Bestimmung der Escalation für Labour, Material, Engineering und CM						
		Labour						
		Rahmenvertragspartner:	0 €	0 €	0 €	0 €	0 €	**0 €**
		Freier Markt Ausschreibung:	0 €	0 €	0 €	0 €	0 €	**0 €**
		Material						
		Exotisches Material	0 €		0 €		0 €	**0 €**
		Standard Material	0 €		0 €		0 €	**0 €**
		Engineering und CM						
		Engineering	0 €		0 €		0 €	**0 €**
		CM	0 €		0 €		0 €	**0 €**
		Gesamt-Escalation:						**0 €**
		Escalation-Anteil and den zukünftigen Ausgaben:						0,0%

Kommentar	

A.6 Projektcheckliste

Die nachfolgenden Seiten dokumentieren das Projektchecklisten-Template (Vorlage), das zusätzlich als Originaldatei (Microsoft Excel) erworben werden kann. Dieses dient als allgemeine Vorlage für Projekt-Cost-Estimates. Die Projektcheckliste ist entsprechend den projektspezifischen Gegebenheiten auszufüllen.

Alle grau hinterlegten Felder müssen projektspezifisch ausgefüllt werden.

Inhalt:

Titel (Deckblatt)
Änderungsindex
Projektcheckliste

Projektcheckliste

Kunde: xxx

Projektname: xxx

Projektnummer: xxx

erstellt von

xxx

am

xxx

Änderungsindex

Rev.	Datum	Beschreibung	Ersteller	Freigeber
x	xx-xx-20xx	xxx	xxx	xxx

Allgemeine Projektdaten			
Kunde:	xxx	**Estimate-Stand:**	xx.xx.20xx
Projektname:	xxx	**Einkaufsbeginn:**	xx.xx.20xx
Projektnummer:	xxx	**Baubeginn:**	xx.xx.20xx
Cost-Estimate-Genauigkeit	xxx	**Bauende:**	xx.xx.20xx

Disziplin	Frage	Antwort/Status	Bemerkung
General			
	Alle MTOs geprüft und freigegeben		
	MTOs mit den Kunden abgestimmt		
	Öffentlichkeitsbeteiligung erforderlich		
	Lärmschutzgutachten vorhanden		
	Klärung Begleitheizung		
	Verliert die Bestandanlage ihren Bestandschutz?		
General / Phasenabschluss			
	Sind die IST-Kosten vollständig erfasst, inklusive Final-Forecast bis zum Abschluss der Phase		
	Sind die Ausschlüsse aus dem BoE jedem Teammitglied bekannt		
Civil			
	Liegt das Baugrundgutachten vor		
	Status der Kontamination		
	Störkanten vorhanden		
	Rohrbrückenverstärkung erforderlich		
	Kabelgräben mit E- und MSR-Technik abgestimmt		
	Vorhandene Fundamente, Tragfähigkeit gegeben inklusive Druckprobe		
Gerüstbau			
	Sind alle Gewerke im Gerüstbaubedarf u. a. E- und MSR-Technik eingebunden		
	Stand-by-Team berücksichtigt		
Construction Management			
	Sind temporäre Maßnahmen für Kranaufbau oder Transport notwendig		
	Baustellenstrombedarf		
	Wie sind die Versicherungen während der Montagephase berücksichtigt (CAR)		

Disziplin	Frage	Antwort/Status	Bemerkung
Piping			
	Sind temporäre Demontagen notwendig		
xxx			
	xxx		

Kommentar:	

Abkürzungen

AACE Association for the Advancement of Cost Engineering
AISI American Iron and Steel Institute
ASME The American Societ of Mechanical Engineers
AwSV Verordnung über Anlagen zum Umgang mit wassergefährdeten Stoffen

BoE Basis of Estimate

CAPEX Capex Expenditure
CAR Construction all risk
CM Construction Management
CS Carbon Steel (Kohlenstoffstahl)
CT Chemietechnik

DACE Dutch Association Cost Estimate
DCS Distribution Control System
DN (Rohr-) Nenndurchmesser

EMSR Elektrik, Messen, Steuern und Regeln
EP Einheitspreis
EPC Engineering, Procurement, Construction
EPCm Engineering, Procurement, Construction management
E-Technik Elektrotechnik

FCS Fail Safe Control System
FEED Front End Engineering Design
FEL Front End Loading
FID Final Investment Decision

GP Gesamtpreis

I Input
I/O Input / Output
IPA Independed Project Analyser
ISBL Inside Battery Limit
lbs Druckeinheit in USA

KI Kundeninformation
KK Kundenkosten

MSR Messen, Steuern, Regeln
MTO Material Take Off

Nr. Nummer
n/z nicht zutreffend

OPEX Operating Expenditure
OSBL Outside Battery Limit

PFD Process Flow Diagram
PN Nenndruck

Rev. Revision
REVEX Revenue Expenditure
RFSU Ready for Start-up

SiGeKo Sicherheits- und Gesundheitskoordinator
SiPo Sicherheitsposten
SS Stainless Steel (Edelstahl)
STD Standard (Wanddickenbeschreibung)
SU Sonderunterstützung
S&T Shell & Tube

TA Turnaround
TIC Total Invest Cost
TÜV Technischer Überwachungsverein

VAwS Verordnung über Anlagen zum Umgang mit wassergefährdenden Stoffen

WBS Work Breakdown Structure

ZfP Zerstörungsfreie Prüfung

Glossar

Begriff	Definition / Erklärung
Appraise-Phase	Erste Phase eines Projektes (Projektstart). Während dieser Phase wird für das Projekt das Planungskonzept, eine ±50%-Kostenschätzung sowie ein Terminplan erstellt. Zum Abschluss erfolgt ein Gate Review, in dem das Projekt sowohl technisch als auch finanziell konstruktiv hinterfragt wird. Anschließend erfolgt die Freigabe für den Start der Select-Phase.
Allowances	Prozentualer Zuschlag auf die abgeschätzten Kosten, abhängig von der Detaillierung und Genauigkeit der Mengenermittlung für die einzelnen Positionen.
Basis of Estimate	Fasst die Projektdetails zusammen und dokumentiert die Annahmen und Ausschlüsse für die Kostenschätzung.
Block Flow Diagram	Blockflussdiagramm.
Construction Management	Bauleitung.
Construction Costs	Bau-, Montage- bzw. Demontageleistungen sowie Installation.
Contingency	Unvorhergesehenes (prozentualer Zuschlag, abhängig von der Detaillierung und Genauigkeit der Kostenabschätzung).
Contracted Cost (Contracts)	Abschätzung von Material und Lohn gemeinsam, zum Beispiel Betonierarbeiten werden pro m^3 abgerechnet.
Cost-Estimate-Template	Vorlage zur Erstellung der Kostenschätzung.
Define-Phase	Dritte Phase eines Projektes. Während dieser Phase wird für das Projekt für die aus der Select-Phase gewählte Variante eine Grundlagenplanung ausgearbeitet. Diese umfasst eine ±10%-Kostenschätzung sowie einen Terminplan. Zum Abschluss erfolgt ein Gate Review, in dem das Projekt sowohl technisch als auch finanziell konstruktiv hinterfragt wird. Anschließend erfolgt die Freigabe für den Start der Execute-Phase mit Final Investment Decision. In der Regel wird im weiteren Projektverlauf kein Cost Estimate erstellt.
Engineering	Planungsleistungen.
EPC	Engineering, Procument and Construction (Generalunternehmer verantwortet alle drei Bereiche).
EPCm	Engineering, Procurement and Construction management (eine Abwandlung zu EPC, der EPCm Contractor übernimmt die Projekt- und Construction-Managementaufgaben).
Escalation	Zeitlich bedingte Preissteigerung durch Ansteigen der Löhne, Rohstoffkosten usw.
Estimating-Plan	Der Estimating-Plan fasst das Vorgehen, die geplanten Preisquellen sowie die Termine für die Erstellung der Kostenschätzung zusammen.
Execute-Phase	Vierte Phase eines Projektes. In dieser Phase finden in der Regel die Detailplanungs- (Detailengineering), die Beschaffungs- (Procurement) sowie die Construction- (Bau und Installation) und Inbetriebnahme-Aktivitäten (Commissioning) statt.
Final Investment Decision	Freigabe des Investitionsbudgets nach der Define-Phase.
Gate Review	Die konstruktive Überprüfung – sowohl technisch als auch finanziell.
Heat and Material Balance	Wärme- und Stoffbilanz.

Begriff	Definition / Erklärung
Inside Battery Limits	Definition der Anlagegrenzen, in denen der Hauptprozess stattfindet.
Material Take Off (MTO)	Stückliste.
Operate-Phase	Übergabe der Anlage an den Betreiber.
Outside Battery Limits	Alle Aktivitäten außerhalb der definierten Anlagegrenzen.
Procurement	Beschaffung von Equipment und Material.
Review	Überprüfung.
Scope of Services	Leistungsbeschreibung, zum Beispiel die Erstellung der Druckverlustberechnung oder der statische Nachweis von Rohrbrücken.
Scope of Work	Leistungsbeschreibung der Anlage, zum Beispiel der Durchsatz.
Select-Phase	Zweite Phase eines Projektes. Während dieser Phase werden für das Projekt auf Basis des Planungskonzeptes aus der Appraise-Phase verschiedene Varianten weiter ausgearbeitet und eine ±30%-Kostenschätzung sowie ein Terminplan erstellt. Zum Abschluss erfolgt ein Gate Review, in dem das Projekt sowohl technisch als auch finanziell konstruktiv hinterfragt wird. Anschließend erfolgt die Freigabe für den Start der Define-Phase.
Stand-by-Team	Auf Abruf bereitstehende Monteursgruppe.
Total Base Cost	Total Investment Cost – Escalation – Contingency (dieser Wert wird als Referenzwert für prozentuale Abschatzungen verwendet).
Total Investment Cost	Gesamtkosten des Projektes.
Turnaround	Stillstand der Prozessanlage für Revisionsarbeiten.

Tabellenverzeichnis

Quellenverzeichnis

[1] Hollmann, J. K.: Risk Analysis and Contingency Determination Using Expected Value. *AACE® International Recommended Practice No. 44R-08.*

https://web.aacei.org

[2] *What is a revenue expenditure?*

https://www.accountingcoach.com/blog/what-is-a-revenue-expenditure

[3] Welded and Seamless Wrought Steel Pipe. *ASME B36.10M-2018.* The Hague: IHS Markit, 2018.

[4] *Aspen Capital Cost Estimator.* User's Guide. Burlington: Company release of Aspen, 2012.

[5] Bakhshi, P.; Touran, A.: *A New Approach for Contingency Determination in a Portfolio of Construction Projects.* Boston: University Release, 2012.

[6] *Stundensätze im Ingenieurbüro.* Orientierungswert, Zusammensetzung, Argumente. München: Bayerische Ingenieurkammer-Bau release, 2018.

[7] Bitz, M.; Ewert, J.; Terstege, U.: *Investition.* Wiesbaden: Betriebswirtschaftlicher Verlag Dr. Th. Gabler GmbH, 2002.

[8] Brown, T. R.: *Capital cost estimating.* Houston: Hydrocarbon Processing Magazine, 2000.

[9] Brown, T.: *Engineering Economics And Economic Design For Process Engineers.* Florida: CRC Press, Taylor & Francis Group, 2007.

[10] *Cost estimating course.* Zwijndrecht: Cost Engineering Consultancy, 2014.

[11] Charamis, P.: *Projekte & Phasenmodelle*: Verfahrenstechnischer Anlagenbau I. Bochum: Company release of Staffxperts, 2018.

[12] *CT-Preisindex für Chemieanlagen.*

www.chemietechnik.de

[13] *DACE Labour Norms V2.* Nijkerk: dace, 2018.

[14] *Price Booklet. Edition 31.* Nijkerk: dace, 2015.

[15] Jüngst, T.; Rieckmann, T.: *Kostenschätzungsseminar.* Frankfurt: Dechema e. V., 2018.

[16] *Kosten im Bauwesen.* Deutsches Institut für Normung e.V. Berlin: Beuth Verlag GmbH, 2017.

[17] *Kosten im Bauwesen – Teil 1*: Hochbau. Deutsches Institut für Normung e.V. Berlin: Beuth Verlag GmbH, 2008.

[18] *Kosten im Bauwesen – Teil 4*: Ingenierbau. Deutsches Institut für Normung e.V. Berlin: Beuth Verlag GmbH, 2009.

[19] *Cost Estimating Guide.* DOE G 413.3-21. Washington, D.C.: Department of Energy release, 2011.

www.directives.doe.gov

[20] Dysert, L. R.: *So You Think You're an Estimator?* 2005 AACE International Transactions. EST.01. Vancouver : AACE International Transaction release, 2005.

[21] *E-direct Produktkatalog 2017/2018.* Hohe Qualität zum kleinen Preis. Weil am Rhein: Company Release, 2017.

[22] Fandel, G.; u.a.: *Übungsbuch zur Produktions- und Kostentheorie.* Berlin: Springer Verlag, 2004.

[23] *Kupferpreis.*

www.finanzen.net

[24] *Pumpen, Armaturen, Automation, Dichtungen und Service.*

https://www.flowserve.de/produkte/armaturen/regelventile/allgemeine-anwendungen

[25] Günther, T.: *Baustellenmanagement im Anlagenbau.* Von der Planung bis zur Fertigstellung. Berlin: Springer Verlag, 2015.

[26] Guenaydin, H. M.; u.a.: A Neutral Network Approach For Early Cost Estimation Of Structural Systems Of Buildings. Amsterdam: *International Journal of Project Management 22*, p. 595–602, 2004.

[27] Hady, L.; Dylag, M.; Wozny, G.: *Kostenschätzung und Kostenkalkulation im chemischen Anlagenbau*. Berlin, Krakau: University Release, 2008.

[28] Hall, S.: *Rules of Thumb for Chemical Engineers*. Massachusetts: Elsevier Inc., 2012.

[29] Halpin, D. W.: *Construction Management*. New Jersey: John Wiley & Sons, Inc., 2017.

[30] Harris, F; McCaffer, R.: *Modern Construction Management*. Oxford: Blackwell Publishing Ltd., 2006.

[31] *Kabel, Leitungen & Zubehör*. Hemmingen: Company Release, 2015.

[32] Humphreys, K. K.: *Project and Cost Engineers' Handbook*. Florida: CRC Press, Taylor & Francis Group, 2005.

[33] *Angemessene Stundensätze im Ingenieurbüro*. Orientierung, Zusammensetzung, Erwägungen. Stuttgart: Authority release of Ingenieurkammer Baden-Württemberg, 2014.

[34] *Capital Expenditure (CAPEX)*.

https://www.investopedia.com/terms/c/capitalexpenditure.asp

[35] *Front End Loading Process*. Houston: Company Release of KBR 2018.

[36] Kim, G.-H.; Yoon, J.-E.; An S.-H.; Cho, H.-H.; Kang, K.-I.: Neutral Network Model Incorparatin A Genetic Algorithm In Estimation Construction Costs. Amsterdam: *Building and Environment 39*, p. 1333–1340, 2004.

[37] Kölbel, H.; Schulze, J.: *Projektierung und Vorkalkulation in der chemischen Industrie*. Berlin: Springer Verlag, 1982.

[38] Langdon, D.: *SPON'S European Construction Costs Handbook*. London: E & FN Spon, Taylor & Francis Group, 2000.

[39] Lühe, C.: *Modulare Kostenschätzung als Unterstützung der Anlagenplanung für die Angebots- und frühe Basic-Engineering- Phase*. Dissertation. Berlin: Technische Universität Berlin, 2012.

[40] *Die Beschaffungsplattform für Geschäftskunden*.

www.mercateo.com

[41] Merrow, E. W.: *Industrial megaprojects*. Concepts, Strategies, and Practices for Success. New Jersey: John Wiley & Sons, Inc., 2011.

[42] *Wie viel kostet eine Handwerkerstunde?* Markt Indersdorf: Company Release of MUB Metallbau GmbH, 2018.

[43] Navarrete, P. F.; Cole, W. C.: *Planning, Estimating, and Control of Chemical Construction Projects*. New York: Marcel Dekker, Inc., 2004.

[44] *Wie viel kostet eine Handwerkerstunde?* Kirchberg: Company Release of Novack Metallbau e.K., 2014.

[45] Peters, M. S.; Timmershaus, K. D.; West, R. E.: *Plant Design and Economics for Chemicals Engineers*. New York: McGraw-Hill, 2003.

[46] Page, J. S.: *Cost Estimating Manual for Pipelines and Marine Structures*. Houston: Gulf Publishing Company, 1977.

[47] Page, J. S.: *Conceptual Cost Estimating Manual*. Houston: Gulf Professional Publishing, 1996.

[48] Page, J. S.: *Estimator's General Construction Man-Hour Manual*. Houston: Gulf Publishing Company, 1983.

[49] Infographic: *US ethane cracker projects rise 1.75% in Q2 2016*.

https://www.investopedia.com/terms/c/capitalexpenditure.asp

[50] Infographic: *US ethane cracker construction costs rise 1.2% Year on year*.

https://www.investopedia.com/terms/c/capitalexpenditure.asp

[51] Shehatto, O. M.; El-Sawahli, N.: *Cost Estimation For Building Construction Projects*. Gaza Strip Using Artificial Neutral Network. Gaza: University Release, 2013.

[52] *The Project Definition*. Surrey: Company Release, 2018.

www.theprojectdefinition.com

[53] Ulrich, G. D; Vasudevan, P. T.: *Chemical Engineering*. Process Design and Economics. A Practical Guide. New Hampshire: Process Publishing, 2004.

[54] *Emission control*. Mineral oil refineries. Berlin: Beuth Verlag GmbH, 2000.

[55] *Investitionsausgaben*.

https://de.wikipedia.org/wiki/Investitionsausgaben

[56] Whitesides, R. W.: *Process Equipment Cost Estimating by Ratio and Proportion*. PDH Course G127.

www.PDHcenter.com

[57] Woehe, G.: *Einführung in die Allgemeine Betriebswirtschaftslehre*. München: Verlag Franz Vahlen GmbH, 1990.

[58] Woll, A.: *Wirtschaftslexikon*. München: R. Oldenbourg Verlag GmbH, 1993.

[59] Woods, D. R.: *Rules of Thumb in Engineering Practice*. Weinheim: Wiley-VCH Verlag GmbH & Co. KGaA, 2007.

[60] Zimmermann, W.; u.a.: *Betriebliches Rechnungswesen*. München: R. Oldenbourg Verlag GmbH, 1992.

[61] Bogan, E. C.; English, J. M.: *Benchmarking for Best Practices: Winning Through Innovative Adaptation*. New York: McGraw-Hill Inc., 2014.

[62] Camp, C. R.: *Benchmarking: The Search for Industry Best Practices That Lead to Superior Performance*. Milwaukee: American Society for Quality, 1989.

[63] *Labour vs. Material Cost for Construction Companies*.

www.constructionmavericks.com, aufgerufen am 16.01.2024.

[64] Dysert, R. L.: *Sharpen Your Cost Estimating Skills*. Cost Engineering Vol.45/No. 6. San Francisco: Cost Engineering Journal, 2003.

[65] Griffith, A.: *What is Project Benchmarking?*

www.ipaglobal.com, aufgerufen am 15.01.2024.

[66] *idealo. Deutschland großer Preisvergleich*.

www.ipaglobal/news/article/what-is-project-benchmarking/, aufgerufen am 15.01.2024.

[67] *Independent Project Analysis*.

www.ipaglobal.com, aufgerufen am 15.01.2024.

[68] Kar, I.; Berz, M.: *Terminplanung im Anlagenbau*. Würzburg: Vogel Communications Group, 2023.

[69] Kerzner, H.: *Using the Project Management Maturity Model: Strategic Planning for Project Management*. Weinheim: Wiley-VCH, 2019.

[70] Mertins, K.; Kohl, H.: *Benchmarking: Leitfaden für den Vergleich mit den Besten*. Düsseldorf: Symposion Publishing, 2009.

[71] Mumand-Omar, L.: *Usability Benchmark: Gestaltungsrichtlinien von Dokumentations-Apps für Smartpones*. Bachelorarbeit. München: Hochschule für Angewandte Wissenschaften, 2017.

[72] Siebert, G. u. a.: *Benchmarking: Leitfaden für die Praxis*. München: Carl Hanser Verlag, 2008.

[73] *Preise. Preisindizes für die Bauwirtschaft*. Wiesbaden: Statistische Bundesamt, 2010.

[74] *Earned Value Management System (EVMS) Program Analysis Pamphlet (PAP)*. https://www.dcma.mil/Portals/31/Documents/Policy/DCMA-PAM-200-1.pdf?ver=2016-12-28-125801-627

Stichwortverzeichnis